これからどうする
原発問題

安藤 顯

三和書籍

はじめに

この書籍発行の企画を友人に話をした時、「まってました！」「それは読みたいね！」の同調の声をたくさんうかがったのです。それでこの種の情報が求められていることがわかりました。

最近マスコミを賑わせているのは、政治家の不祥事、自動車誤運転による歩行者殺傷事故、お笑い騒ぎなどが多く、原子力発電についての記事・報道が、やや影が薄くなっています（問題が改善されているならばよいのですが、そうとはいえないにも関わらず）。内部被曝の気の毒なこと、原発崩壊サイトでの作業の難しさ・遅れ、原発再稼動の評価などがあまり記事にならなくなっていますが、果たして国民は、福島第一原子力発電所の大事故、原発問題について今でもしっかりと情報供給をされているのでしょうか？　大事故の二〇一一年三月の直後から当初はほとんど毎日・毎週のように、厳しい事態を記事・報道で理解していましたが、最近は報道が例外的扱いになっています。それでよいのでしょうか？

そこで今回はそれを補うこと、読者に理解してもらうことを狙いとして、原発問題を総合的に、諸問題をアップデートしつつ、そして興味対象よりむしろ、基本的・本質的問題に焦点を合わせて、皆さまにお読みいただけるように計らいました。

原発はあって本当によいものなのでしょうか？　わが国の友邦国ドイツでは二〇一一年三月の福島第一原子力発電所の大事故の直後に全廃を決め、着々と削減していると聞きますが。

政府は、原子力規制委員会の許可が出ているので稼働は安全といい、原子力規制委員会は新基準に合格（単に）しているといいます。また政府は世界一安全な新基準といいますが、日本は地震、津波で世界一原発立地の危険な場所です。現に福島の原発過酷事故により想像を絶する被害が発生していて、今もその災害・後遺症が綿々と続いています。

政府によると原発は最も発電コストが安いといいますが、一方、国民は世界で二番目に（先進国で）高い電気料金を払わされています。また、発生した核廃棄物のただしい最終処理が、わが国では現実にできていないのでは？

実は私は大学の自分の卒業論文の中で、核廃棄物の廃棄の方法の開発の重要性を指摘しており、それが半世紀以上経った今でも、わが国ではほとんど手をつけられていないままであるのに、改めてこの問題の重要性を感じてしまうのです。

原発には多くの問題がありますが、川内原発ですでに再稼動がはじまってしまっています。

政府、電力会社の主張は間違っていないでしょうか⁇

社会にとっても、また為政者にとっても、会社にとっても、原発は「百害あって一利なし」なのでは？

〝You have nothing to gain〟？　かも知れませんね。それでは本書を読んでみましょう‼

目次

第一章　原発過酷事故のおさらい—将来に向けて

第二章　福島第一原子力発電所大事故と被災の現状はどんな実態か

第三章　人・住民への放射能の被曝、苦悩

第四章　放射性廃棄物の量―管理・処理、および核燃料サイクル―

第五章　東京電力の大事故とその処理、その経営状態

第六章　原発コスト、廃棄処理費などバックエンド費用

第七章　まとめの前に—原発の再稼働・脱原発は？

第八章 総まとめ──脱原発を目指すのが正しい選択肢であろう

第一章

原発過酷事故のおさらい——将来に向けて

（1）序　直近の事情は、どう?

「脱原発」の声が強まる中、再稼働の運転差し止めの仮処分も出たが、国は原発を「重要な電源」と位置付け再稼働方針を進めつつある。

この間に、原子力規制委員会が原子力安全・保安院に代わって発足、新規制基準が策定された。――津波対策のほか断層の扱い、火山噴火などの規定の明記、冷却用の電源車、消防車の不備などの重大事故への備えなど――、そして原子力規制委員会が新規制基準に合格したものについて、政府の所管省が稼働を許可する制度となり、すでに現在、再稼働四、審査中二一、停止中一八、廃炉一四、建設中三、合計四七基（廃炉込みで六一基）である。再稼働は川内1、2号機、高浜3、4号機（高浜の2機については大津地裁稼働停止裁定で即日稼働停止）。

電力会社による地震や津波などの自然災害に対する備え不足、また住民の避難・誘導における不備、被災者の（内部）被曝・苦労などを引き起こしている福島第一原子力発電所の大事故の過酷さを考えるとき、今回の大津地裁の停止仮処分の理由に述べているように、原子力規制委員会の新規制基準が充分な水準のものであるのか、の疑問を感じざるをえない。その一例として、避難計画を自治体が策定することになっていて、原子力規制委員会の審査の対象外であるが、それで本当によいのであろうか、政府・所管省が避難（計画）についての総合統括責任がなくてよいのか、疑問を感じる人が多くいる。

また、四〇年限度の稼働期間の延長は、原則、原子力規制委員会の新基準の合格を条件に、「例外的」に延長二〇年を限度として認めるとの原則が骨抜きとなり、六〇年への容易な「延命」になるのではないかと、特に原発などの機械類の専門家は不安をもっている。

そして高レベル放射性廃棄物の永久保存・処分の見通しがまったく立たないままでの現世代のご都合主義はそれでよいのであろうか？　と感じている人は多い。

◎心にもち続けなければならないのは、ＩＡＥＡ（国際原子力機関）の福島第一原子力発電所の大事故についての見解で、それは大変重いものがある。（2015.9.1 朝日新聞）

日本では「安全」との間違えた思い込みがあった。

東日本大地震と同程度の津波の試算が以前にあったが対応措置されなかった。

事故対応の設備や手順などの備えが不十分であった。

規制当局の独立性の問題（人事のあり方の暗示も）。
過酷事故対応の訓練、モニタリング体制（SPEEDIも含まれるか）。
原子力の安全は各国の責任だが事故は国境を越えて影響を及ぼす。
厳しい指摘が下された。

◎国、事業会社（電力）、住民、さらに立地している地域 社会などの立場から、現在のみならず将来も見据えて、以下に考えてみたい。

(2) まず原発大事故当時（二〇一一年）のおさらい

◎原発大事故の発生・状況を追ってみよう

・二〇一一年三月十一日一四時四六分に大災害の第一撃となる大地震が起きた。
一五：二七　津波第一波到達

一五：三五　津波第二波到達
一五：三七　1号機　全交流電源喪失
一五：三八　3号機　全交流電源喪失
一五：四一　2号機　全交流電源喪失
十二日　五：四六　1号機より注水開始
六：五〇、八：〇三　1号機よりベント開始指示

注水開始をもっと早くしていれば、そしてベント操作の不手際がなければ、1号機、3号機の爆発を抑えられたかも知れない可能性がある。2号機は爆発がないまま圧力容器などの底部損傷が生じ、同時にメルトダウン、高濃度放射能汚染水の漏出が発生。

なお、調査・検討によっては、津波到達の前に、地震のみで配管などのひび割れ・亀裂・破損をした可能性も否定しきれない（国会事故調）。すなわち、大地震に対する原発の弱さを否定しきれないことは、見過ごせない極めて重要な点である。

今回の大地震は牡鹿半島沖約一三〇キロメートルの震源のほぼ真上にある海底基準点（海上保安庁所管）が地震後東南東に約二四メートル移動し、約三メートル隆起しており、過去

福島第一原子力発電所の過酷事故──水素爆発

最大の地殻変動によっても二〇メートル以上の移動はなく、過去最大を超える地殻変動が起きたものである（2011.4.7 東京新聞）。

東京電力、政府の過酷事故の想定は甘かった。特に津波対策一五・七メートルの予想値が社内で出されていたが（二〇〇八年七月）、防潮堤の建設を怠った。

そして事故発生とともに、炉心冷却装置（ECCS）が機能せず、原子炉を冷やす作業での会社の不手際が事故を広げた。消防車による注水に失敗、非常用復水器の停止に気づかず、燃料のメルトダウン、水素の発生、その結果の水素爆発に至る。その結果IAEA尺度により、チェルノブイリと同じ、「7」の事故・災害と査定されるに至ったのである。

すなわち、福島第一原子力発電所において放出した放射性物質の量は、当初六三万テラ（兆）ベクレル、その後さらに八〇万テラベクレルの放出もあったともいわれており、その後も放出は続いているので、チェルノブイリの五二〇万テラベクレルと比較して、同等程度に大量であるともいいうる。

この間行政による避難指導にも大きな不行き届きがあり、浪江町をはじめとした地域の人々に対して、一律に一〇キロメートル圏外への避難、そしてその後、引き続いて二〇キロメートル圏外への避難が指示・誘導されたが、「距離だけでの」避難誘導であったため、放射線量の多い方に多くの人々が避難したという、政府・自治体の大きな不手際があった。利用可能であったＳＰＥＥＤＩを利用しなかったことが真に悔やまれる（原子炉建屋の損壊事情（二〇一一年三月十一日～その後）については第二章を参照）。

◎この大事故による住民への被災、そして苦悩のはじまり

避難民の数の変動であるが、二〇一一年三月十四日には、四六万九、〇〇〇人、同年三月三十一日一七万二、〇〇〇人に減少、一年後の二〇一二年三月に三一万三、〇〇〇人に増加していた。これは福島県の放射能災害を恐れての脱出・避難と考えられる。その後の二〇一四

年三月十一日には、二六万七、〇〇〇人と減少、しかし減少幅は小さい。

◎除染の進捗、またその実態

二〇一二年十一月の再設定で、

・長期帰還困難区域――五〇ミリシーベルト／年以上――大熊町、双葉町、そして浪江町、南相馬市の一部に限定されるに変更、――大熊町と双葉町の住民の多くは帰還できない。また、ここ大熊町、双葉町、（浪江町）では中間貯蔵施設の建設のプランが検討・進行中。

・居住制限区域――二〇～五〇ミリシーベルト／年。

・解除準備区域――二〇ミリシーベルト／年以下。三ミリシーベルト／年となったものとして帰還が認められた（川内村、田村市）。しかし川内村の林業地域では、実測値　五ミリシーベルト／年以上で、若い人々では戻らない者が多い。

なお、放射線管理基準（法例）は、五・二ミリシーベルト／年である。

解除準備区域は三自治体（川内村、田村市、飯舘村）での線量調査で三ミリシーベルト／年での結果が、そのほとんどの場所で報告されている。例外として、飯舘村での数少ない地点で一一～一七ミリシーベルト／年が測定されたが、政府が住民の帰還条件としている二〇ミリシーベルト／年（これは世界基準で高すぎる──チェルノブイリのケースでも五ミリシーベルト／年）以下である。

政府は、除染が成功しつつあり解除準備区域は解除しうる実態になっている、との発表をしているが、除染作業（空中飛散──そして森林中での蓄積、排水・水系での汚染物の蓄積──それによる米作、海底魚汚染）もあり、除染が適切に進んでいるとは言い難いともいえる。

◎近時の状況──崩壊した原子炉建屋のその後は（第二章で詳述する）

・超高濃度汚染水量は七万二、〇〇〇立方メートルに増加しているのが大問題である。

・1～4号機について、毎日四〇〇トンの汚染水が増え続けている。メルトダウンをした1～3号機で燃料を冷やし続けなければならないからである。原子炉建屋に入り込む地下水と混ざり合って、汚染水は増え続け、二〇一六年二月末現在、五二万トンの汚染水が敷地内にたまっている（一、三〇〇日分）。敷地内につくったタンクの容量は一、〇〇〇トン（一〇メートル強の立方のタンク）で、全部で千基を超えている。汚染水対策に根本的対策がないまま、泥縄式に進められてきたからであろうか。直近（2015.10 東京新聞）の対策としては、護岸沿いに海側遮水壁を完成させ、「サブドレイン計画」で、汚染地下水を浄化後に海側遮水壁の外側の海に流す構想となっている（詳細は第二章で）。

なお、最も対応が進んでいる4号機近辺でも、二〇～一〇〇ミリシーベルト／時、短時間の間でも防護服の着用が必要であり、また建屋内では一〇〇～数千ミリシーベルト／時の放射線量の状態で、人による作業は容易には行えない。作業員の年間被曝限度は一〇〇ミリシーベルト、今回の過酷事故についてのみ二五〇ミリシーベルトに引き上げている。溶融燃料は崩壊熱があり、冷やし続ける必要があるのが難題であろう（人間の致死量は七～八シーベルト／時）。

(3) 集約すれば地震・津波による原発大事故、住民の苦難は、しっかりと学習する必要性がある

東京電力は、企業としての過酷事故に備えた原子力発電所の全体設計・体制の不備と、事故発生に際してのアクションの不手際があった。

・過去に東北地方には大津波が何回となく襲っているのは、現地では周知されている。それにも関わらず大津波に対する備えが甘過ぎた。まず防潮堤の高さをなぜ一五・七メートル（過去の大津波の経験から地震対策本部の見解を基に計算されている。二〇〇八年春）の東京電力内認識以上にしなかったのか？　充分高くて堅固な防波堤で発電所を防護すべきであったとともに、代替設備はすべて高い位置に配置すべきであった。

また、事故発生に備えてのバックアップ設備・装置の不備などは、東京電力の企業経営としての過酷事故対策の著しい欠如である。

一方、例外的ではあるが、他の電力会社の中でも特筆すべきは東北電力である。東北電力の津波に備えての原子力発電所建設での成功――一四・八メートルの高さの敷地のため、津波は原発建屋に辛うじて到達せず難を免れた（津波の最高潮位は一三メートルであった。これは建設時の経営判断の成果である）。重油貯蔵タンクの倒壊、地下三階の補機冷却水系熱交換機への海水の侵入など、わずかな被害はあったが、大事故に至っていない。――しかしこのことは例外的で、原発が安全であるということを意味するものではないが。

・そして政府の問題として

国策的推進（過去からの）、そして事業認可での不適正・また不完全な監督・管理。

ＳＰＥＥＤＩを使用しないことによる避難での不手際。

大事故発生時の処理・対応の不手際など。

――以上があるのではないか？

これらの実態・経験が、教訓として今後に活かされなければならない（原発を続ける場合）。
・原子力規制委員会の新しい規制基準――二〇一三年七月に制定・施行された――において活かされなければならなく、充分ではないが簡約すれば、充分な防潮堤、フィルター付きベント、二つの外部電源、非常用電源を備えていることなど、がその条件となっているが。

(4) まとめて、述べたいこと

東京電力元会長などに対する強制起訴が、二〇一六年二月二十九日に行われるに至った点である。すなわち起訴状によれば、勝俣元会長、武藤、武黒両元副社長などは一〇メートルを超える津波が来襲し、浸水して電源喪失が起き爆発事故が発生する可能性を予測できたのに、防護措置などの対策をする義務を怠り、また入院患者の避難に伴う死亡などを含む過酷事故・大災害を起こすに至ったとしているものである。すでに二〇一四年七月に検察審査会が「起訴相当」と判断したが、東京地検は再び不起訴としたものであるが、この度二度目の起訴相当を議決したので、二〇〇九年からの制度により強制起訴に至ったものである。今後の成り行きについては、有罪とならない場合も少なからずあろうが、①検察審査会による二度目の「起訴相当」により「強制起訴」されたこと、──そしてそのことは、原発大事故がもたらす被害の深刻さを示しており──、②そして裁判の場で新たな証言が出るとともに、事実の一層の「究明」が行われうることが強く期待されよう。

そしてさらに思い起こしていただきたいのは、二〇一二年の当時、この大事故について、四つの事故調査が行われて、原因究明と対策に活かすことが意図されていたことであるが、その中の大切な部分が、現在の政策に真に活かされているかどうかである（再稼働前提としても）。

すなわち、（①東京電力報告）、②政府調査報告、③民間──有識者──調査報告、④国会調査報告、による調査・分析報告であり、要点に触れておきたい。つまり、①の東京電力の調査報告は、想定外の過酷な自然条件を原因とし、訴訟対応を考えたもので、あまり参考にならない。②の政府調査報告は、事故発生時の現場での作業・対応の不手際の指摘があったが、安全神話が過酷事故の大きな原因であったことの指摘、すなわち大事故の反省が不十分、③民間調査報告は、「国策民営」方式で安全性への倫理観の欠如、そして「原子力ムラ」が生んだ安全神話が事故原因であったことの指摘があったが、このあたりの反省が現在の政策に本当に織り込まれているかどうか疑問を感じる部分がみられる。

次に、④国会調査報告は人災と結論付けたことは重要である。また特筆すべきは、津波の発生以前に大地震により一部の機械（冷却用機器）が壊れた可能性を否定できないと指摘していて、津波のみをスケープゴートとし、地震などによる原発機の劣化・破損に対する構造・設備の強化などをしっかりと備えなければならないことが現実に取り入れられているのか、疑問を感じるのである（事例として、再稼動直後の水もれ、起動試験を延期あり）。

「ウオッチ・アウト」

最悪の大事故であるが、最悪中の最悪にならなかったのはかすかな救いであるとの著名な原子力技術者の発言は大変重いものである。当時の事故の過酷さを物語る。

また、御存知でしょうか？　米国政府はチャーター機を飛ばし一部の米国人を台湾に退避させ、外交官家族六〇〇人の退避を許可、また、米国防省は米軍人の家族二万人に自主的国外退去を支援する決定をし、また英大使館は自国民に対し早めの出国を促し、ドイツ外務省は領事業務を大阪の総領事館に移すなど（2016.3.18 読売新聞）、事故の予想以上の過酷さに備えたほどの、すなわち、東京電力の原発大事故は想像を超えて厳しく、過酷なものなのである。

第二章

福島第一原子力発電所大事故と被災の現状はどんな実態か

(1) 住民の苦悩に対する司法の裁定

福島第一原子力発電所の大事故（二〇一一年三月）が起きてすでに五年が経ち、被災を受けている人々にとっては、今でも苦しい毎日である。原発大事故の残したつめ痕が癒やされるのはほど遠い。現在の状況は、どのようになっているのか？　この大事故・事件は、特に被災した人々にとっては進行型、未来進行形なのである。

さて、被災者の生活上の苦悩は続いており、裁判所もそれを認める判決をだすケースがでており、それは被災者の困難な生活と東京電力の責任を認めていることを示していることである。はじめにいくつかの判例を示してみよう。

原発の身心に及ぼす影響・苦難による被害に対する裁定・判断として、二〇一四年八月、福島地裁が計画的避難区域の渡辺はま子さんの焼身自殺に対して、原発と自殺の因果関係を認め、四、九〇〇万円の賠償金の支払いを命ずる判決を命じたのは、「原発避難による精神的苦痛を正面から認め、被害者の権利救済への道を開いた」極めて画期的なものである。東京電力も控訴しない発表を即日行った。

もう一つの例として、浪江町から避難を強いられた男性が避難所に避難した後うつ病になり、福島地裁は二〇一六年五月に二、七〇〇万円の賠償を命じた。東京電力は控訴を断念。また、自主避難者に対する賠償命令も出ているのも画期的で、福島第一原子力発電所の事故後、京都市に自主避難した者に対する京都地裁による賠償命令——三、〇四六万円の賠償、——事故が不眠症やうつ病の原因と認定(2016.2.18産経新聞)、自主避難者への賠償が認められたのははじめて。

危険な放射能から逃げる人々

すなわち、避難者には原発・放射能被害の心配・懸念は常に残っており、それを示すものとしてこれらの判決は極めて象徴的であるといえよう。個人の罹災者はこのような苦悩を背負って生きているのである。

なお、全国二一地裁・支部で原告約一万人が訴訟により裁判を争っている。

さて、次にその後の福島第一原子力発電所の状況・推移を見てみよう。

(2) 原発大事故より五年以上経った現在
——環境問題、除染の実態

東日本大震災、そして福島第一原子力発電所の過酷事故における最大の原因は、津波によるものであり(それ以前に地震の揺れで事故が起きていたとの見方もあるが)、そのため防潮堤の建設が進められている。しかし防潮堤計画の三七パーセントは未着工であり、完成は八パーセントに過ぎない。総事業費は一兆円(東北三県)で国の全額負担として予算措置はされているが、資材高騰、人手不足、また「景観が失われる」などの理由で計画の履行が遅れている。当初の計画では二〇一五年度中の完成予定であったが、その完成予定は二〇一八年以降になる見込みである。

東日本各地を汚染した放射性物質の除染作業は進みつつある。福島第一原子力発電所の半径二〇キロメートル圏の「除染特別地域」は国が直轄で除染を進めてきた。対象の一一市町村では作業の進んでいる田村市、川内村、楢葉町、大熊町、双葉町以外を含めて、それ以外の六市町村でも合計日々一万人を超す作業員が、除染を続けている。国は二〇一七年の三月末までの作業完了を目指しているが進捗率は低い。

汚染・除染物の総量は、福島県内の七万か所超で計約五五〇万立方メートルに上る。国は除染の総費用を二兆一、〇〇〇億円と見積もっている（この額を大きく上回るであろう）。

福島県の最終的な発生量は推定（一、六〇〇～）二、二〇〇万立方メートルと算定。そして大熊町、双葉町の一六平方キロメートル（一、六〇〇ヘクタール――大熊町一一〇〇、双葉町五〇〇）に約一兆一、〇〇〇億円をかけて中間貯蔵施設をかけて中間貯蔵施設を造成し、最長三〇年間保管する計画である。二〇一五年三月十三日に大熊町へのガレキの搬入が始まり、双葉町は遅れて始まる。しかし用地確保は進まず契約締結に至ったのは全体の一パーセントに過ぎない。最終処分所になるのではないかとの地元の懸念に応えて、法律により二〇四五年十二月までに福島県外で最終処分をすると定めている（不可能では？）（2015.3.14読売新聞）。

保管されている汚染土は、一次的には東京ドーム（一三〇×一四〇×六五メートル＝約一一八万三、〇〇〇立方メートル）四杯分——五〇〇万立方メートルと報告されており（2015.1.17朝日新聞）、その試験的搬入として、まず四万三、〇〇〇立方メートルを貯蔵場所（大熊町、双葉町）への搬入を始めた。これは今後生ずると予想される量の二、二〇〇万立方メートルのたったの〇・二パーセントであり、汚染・除染の問題の大きさは計り知れない。それとともに除染に関わり悩みの多い問題は、放射性セシウムの濃度が一キログラム当たり八、〇〇〇ベクレルを超えた「指定廃棄物」で、新潟、東京、神奈川、静岡などを含む一二都県（福島県以外の）に一五万七、四一六トンが存在することであり、その保管処理につきこれら各地で地元の猛反発を受け、処分場の選定・建設は難航している。

廃炉作業を妨げる一つの大きな要因は汚染水であり、地下水の流入を防ぎその発生量を減らす「切り札」とされてきた凍土遮水壁の敷設、すなわち地中に氷の壁を作り、零下三〇℃ほどの冷却材（液体）を循環させ、周囲の土壌を凍らせ、原子炉建屋、タービン建屋に地下水が入り込まないように（総延長一、五〇〇メートル）、そして海水への汚染水の漏洩を防ぐとの意図であるが、凍結が計画通りに進まず、いまだ技術的に成功したとはいえないのである。そして凍土遮水壁をサポートする「氷の壁」は完全に凍結せず、止水に失敗しその計画は一頓挫している。そこで地下水の流入を抑制する別の策として、建屋周辺の井戸（サブドレン）から汚染地下水をくみ上げ、浄化した上で海に放出する計画が立てられつつある。

核汚染水を含む核廃棄物の処理・管理については、高レベル核廃棄物の管理・隔絶を含めて、第四章で詳述する。

(3)大事故現場

——1～4号機——のその後

◎事故直後（二〇一一年三月十一日）の現場のその後

事故現場のその後（二〇一五年三月以降）

1号機：炉心溶融・水素爆発、放射性物質を出させぬよう、その後カバーで覆った。燃料は原子炉圧力容器からすべて溶け落ちている（メルトダウン）。格納容器から水が漏れている。

2号機：炉心溶融、半分以上の核燃料が溶け落ちている（メルトダウン）、使用済燃料の取り出しは今後で、水素爆発していないのはわずかな救い。

3号機：炉心溶融・水素爆発、半分以上の核燃料が溶け落ち（メルトダウン）、燃料プールよりの燃料をだすための設備を取り付けるべく、まず除染作業中。

4号機：水素爆発（定期点検中であったため核燃料はなかったが、燃料プールの冷却喪失で水素が爆発）、前年十一月より燃料棒を取り出し始め、二〇一五年に、取り出しずみ。

以上の原子炉・建屋の破壊の実態に対して、破壊現場の処理・処置を第五章のようなロードマップで対応している。

事故現場の状況

原子炉・建屋（1～4号機）の廃炉・処理、――デブリ（メルトダウン）、ガレキの処理、崩壊原発工場サイトでの廃炉処理の現況（五年目）の様子は第五章でも述べるが、このような現場サイトの過酷な状況のため、全体整理工程は今後（三〇〜）四〇年の作業であり、作業の終了時を（四一〜）五一年としている。なお、4号機は水素爆発はしたが事故時運転停止していたため、これのみ燃料取り出しを完了。

廃炉作業の前段としての燃料（棒）の取り出しは、4号機からの燃料棒の取り出し（点検中で、溶融がなかった）からはじまり、それについてはほぼ終了と報道されている。他の溶け落ちている燃料（1〜3号機より）の取り出しは、建屋内、原子炉内の状況はほとんどわからず、作業員の被曝をおさえるためにも、水素爆発を起こした1、（2）、3号機では、原子炉建屋を頑丈な建屋カバーでまず覆い、また格納容器を水で満たす「冠水」をあらかじめ行う計画がある。なお、溶けた燃料の取り出しのスタート（二〇二〇〜二〇二二年頃）までに数年の時間がかかるであろう。また、国と東京電力の発表として、廃炉作業の終了までには（三〇〜）四〇年の歳月がかかるであろうとの見通しである。

(4)原発再開の動き
――政府、電力会社はすでに再稼働を始めたが――

◎政府の政策は原発の再開・継続である

すでに二〇一四年二月にエネルギー基本計画が閣議決定されて、

・「原発ゼロ」から一転「重要な電源」となっている、

・原子力を「ベースロード電源」と位置づける、

・原子力規制委員会の規制基準に適合した原発の再稼働を進める。

新基準

もちろん、二〇一三年七月に制定・施行された新規制基準では、充分な防潮堤、フィルター付きベント、二つの外部電源、非常用電源などを備えている、水素爆発対策を備えていることなどを条件としているが。五一基（建設中を含む）の中、一五原発、二五基が、すでに新基準への申請をしている（2015.7.8 朝日新聞）。

そして具体的に次のような動きとなっている。

再開する原発

原子力規制委員会の新規制基準に合格して、再稼働直前、また再稼働した原発は次の通りである。

・九州電力——川内1号機、新基準適合、二〇一五年八月十一日に再稼働した。
　大飯3、4号が二〇一三年九月に止まって以来、一年一一か月ぶりの再稼働・運転である。
　2号機、新基準適合、引き続いて十月十五日に再稼働。
・関西電力——高浜3、4号機、申請に対し許可がおり稼働を始めつつあったが、大津地裁の稼働停止の裁定あり、稼働停止中（二〇一六年現在）。
　1、2号も再稼働のための新基準適合申請の許可あり。
　大飯3、4号機、新基準適合したが、再稼働差し止めの福井地裁判決あり。
　なお、関西電力は控訴している。
　美浜3号機、再稼働のための新基準適合申請中。

・四国電力――伊方、新基準適合、地元の同意を得る条件。松山市の市民団体（「伊方原発を止める会」）は、行政不服審査法に基づく異議申し立てをする。
二〇一五年十月二十六日に県知事が了承。
・九州電力――玄海3、4号機、申請して、すでに地震基準については適合。
以上の他、次の原発機が審査中。
北海道電力――泊1～3号機
東北電力――東通1号機、女川2号機
中部電力――浜岡3、4号機
日本原子力発電――東海第二2号機
北陸電力――志賀2号機
中国電力――島根2号機
電源開発――大間（建設中）
東京電力――柏崎刈羽6、7号機
四〇年ルールへの抵触とその延長を意図している原発として
美浜3号機（一九七六年十二月運転開始）

高浜1号機（一九七四年十一月運転開始）
同2号機（一九七五年十一月運転開始）

超四〇年ルールについては別章にて詳述する。

規制委の田中俊一委員長は、司法の判断とは関わりなく新基準に適合しているかどうかを審査し、判断していると述べている。

ただ廃炉に向けては課題も多い。放射性廃棄物は地中に埋めることになっているが原発事業者の処分場は決まっていない（詳細は別章で）。

なお、二〇一五年三月現在廃炉を決定した原発は、

日本原子力発電――敦賀1号機
関西電力――美浜1、2号機
中国電力――島根1号機
九州電力――玄海1号機。

電力会社は、既投下資本（原発関連）の有効活用との経営的観点のみから、再稼働にはやる。

(5) まとめ

──現状での関連した懸念される諸問題

帰還の近況

福島県では避難指示が出ている七万五、〇〇〇人の中、一万四、〇〇〇人を対象として、二〇一五年から二〇一六年にかけて指示解除をだす方向で準備を進めている。

その中、二〇一五年九月五日に楢葉町で解除指示がだされた。本格帰還の第一陣で、空間放射線量の低下、生活に必要なインフラやサービスの復旧、地元との協議の三条件を満たしているとの判断のうえ、行ったものである。しかし現在の帰還者の比率はいまだ一〇パーセント程度で、帰還の条件の厳しさが考えられる。

高レベル放射性廃棄物に対する日本学術会議の提言

大事故現場より出てくる高濃度放射性廃棄物に限らず、通常の原発稼働に伴って発生する高レベル・高濃度放射性廃棄物の処理・処分の仕方が決まっていないのは、大変大きい問題である。

これについて日本学術会議は、二〇一二年九月に、高レベル放射性廃棄物の暫定保管と総量管理の二つを柱に政策枠組みを再構築することが不可欠であるという提案をするに至っている。その根拠は、高レベル放射性廃棄物の超長期（一〇万年）にわたる安全性と危険性の問題の対処については、現在の科学的知見の限界を超えているので、高レベル放射性廃棄物の処分は、暫定保管として（最終処分ではなく長期貯蔵で）、そしてその後完全な処分・廃棄の方法の抜本的研究・開発をする、との政策枠組みを構築すべきであるとの提言である（なお、筆者がメンバーである日本経営論理学会は、日本学術会議に属しています）。

電力各社の経営

電力各社の経営は第六章で述べるように、原発の再開を待たずに回復している。

原発なくしても、燃料費の下落（ピークの約三〇パーセントダウン）、とＬＮＧ化、電力料金の値上げなどで、収益性は改善している。

地震・津波発生への強い警告

今後最も危険な地震と想定されている地震と津波として、東海地震（一九七九年より基準あり）、南海トラフ地震がある。震度六弱以上、津波高三メートル以上、浸水三〇センチメートル以上を主な指定基準としている。トラフとは海底の活発な窪地のことで、南海トラフ地震では、想定被害は、最悪の場合、住民三二三万二、〇〇〇人（目標は八割減少）の死者、そして家屋は全壊二五〇万棟（目標は五割減少）との厳しい規模の被害想定である。つまり、大地震・津波発生の素地にこと欠かないのである。

日本での原子力発電には、これらの地震・火山・津波による大災害が常に内在しており、地勢的にも本来、日本は原発にはとりわけ適さない国土の可能性が大きい。万が一過酷事故が起きた場合、その災害・被害（住民・国民・事業）は想像以上の大きさとなろう。

原発に対する世論は？

前記の通り、核汚染物の除染もいまだ不充分、多くの核汚染地域で帰還もできず厳しい生活を余儀なくさせられている人々がおり、また原子炉・同建屋の廃炉・処理が試行錯誤しつつ続いているとき、原発の再稼働がスタートした。福島県民に限らず多くの国民は原発再開に否定的であろう。

その一例として、二〇一四年十一月に行われた「パブリックコメント」の結果を次に提示しておく。

・経産省が行ったメールやファックスなど約一万九、〇〇〇件の中、一万七、六六五件（九四・四パーセント）が「脱原発」を求め、「原発維持・推進」は二二三件（一・一パーセント）、「その他」が八三三件（四・五パーセント）であった。メール・ファックスによるアンケート調査のため、やや偏りがある可能性も否定できないが、圧倒的比率での「脱原発」が国民世論であろう（2014.11.12 朝日新聞）。

・川内原発再稼働直後二〇一五年八月に行われた、朝日新聞の全国世論調査

※他の原発の再稼働 について？

「賛成」二八パーセント

「反対」五五パーセント

※原発を今後どうするか？

「ゼロにはしない」二二パーセント

「ただちにゼロにする」一六パーセント

「近い将来ゼロにする」五八パーセント（2015.8朝日新聞）。

すなわち、「ただちに、または近い将来ゼロにする」が七四パーセント、「ゼロにはしない」が二二パーセントで、その差は歴然として脱原発指向の世論である。

「ウォッチ・アウト①」

補償の打ち切り、住宅提供終了、の新しい方針がだされ、避難民は大変戸惑っている。住民については、二〇一五年六月現在、

避難指示解除準備値域　三万一、八〇〇人

①二〇ミリシーベリと以下の区域　居住制限区域　二万三、〇〇〇人

②五〇ミリシーベルト以下の区域　帰還困難区域　二万四、四〇〇人

③それ以上の線量の区域

①②の人々については、二〇一七年三月までに除染が終わるとの前提の上に、二〇一八年三月まで、一律八四〇万円（一〇万円×一二×七＝八四〇万円）が支給される。放射線量の低下が不充分な現在、二〇一七年までにその低下ができないのではないか、解除の実績はいまだ一パーセントの低い現状なのであるなどの根拠で心配・不安がいっぱいである。そし

て③については従来通りで一人一律一、四五〇万円を見直さない。

住居の提供においては「自主避難者」約三万六、〇〇〇人（全避難者――約一一万五、〇〇〇人）について二〇一六年度いっぱいでの終了として調整している。――しかし放射線による子供の健康への影響を気にして帰還者の中には終了後も帰還しない者が多いので、家賃の一部を補助することも考慮する。一方、国の指示による避難者については引き続き無償提供を行う、

避難商工業者に対する原発賠償も終了の方針であり、商工業者の戸惑いは隠せない。

営業被害――事故前の利益の四＋二＝六年分

風評被害――毎年度の算定実被害＋二年分

これにより賠償を終了する。これに対して、避難事業者の半数は今も事業を再開できず、困惑の声が上がっている。

政府は復興を加速したいのであるが、住民の戸惑いは広がっており、原発大事故による汚染の健康被害をはじめとしてこのように大きな影響を与えはじめている。

「ウォッチ・アウト②」

高浜原発の大津地裁による「稼働停止の仮処分」の決定（二〇一六年三月九日）、4号機は稼働後三日目に緊急停止し冷温停止の状態のまま3号機停止処分の決定を受けてただちに停止の段取りに入り、十日午後制御棒を入れ停止。原発の立地地域以外の行政区（原発立地の福井県ではなく滋賀県大津の裁判所）による停止仮処分は初めてであることも意義深い。また司法の目も、杓子定規を超えて、市民の目線をも充分斟酌するようになっていると思われる。

第三章

人・住民への放射能の被曝、苦悩

(1) 内部被曝をはじめ、住民が被っている災難、苦悩、身心の病

住民・被災者にとっての最大の関心事は「安全性」「安心」であるとの、悲痛な訴え（2015.10.16 NHK第一）がトラウマのように残る。

原発大事故直後の二〇一一年三月、トモダチ作戦の名のもとに、空母「ロナルド・レーガン」の乗組員が、津波に襲われた海岸の災害地帯で救助・支援を積極的に行い、米国よりの親善の活動として、国家間の外交・政治的友愛の証しとして国も国民も大変感謝したものである。しかし二〇一五年十月の新聞報道によると、当時の乗組員約二五〇人（2016.5.19朝日新聞――四〇〇人に増加）が東京電力を相手取ってカリフォルニア連邦地裁に提訴している。スティーブ・シモンズ氏など乗組員たちは、放射性ブルームの下で放射線を浴び、シャワーを浴びたり、脱塩水を飲んだり、汚染された海水で甲板の洗浄をしたりして、内部被曝をした可能性がある。そして帰国後同氏は髪の毛が抜け、体重も十数キロ激減、膀胱不全を

子供家庭は都会に、老人は福島に戻りたい

福島県の被害状況

	福島	全国
死者	1612（10.2%）	15893（100%）
行方不明者	200（7.8%）	2572（100%）
震災関連死	1914（57.5%）	3331（100%）
合計	3726（17.1%）	21796（100%）

警察庁、復興庁の 2015.3.11 の発表数値である。

発症、典型的放射能被害の症状を発症、また乗組員の中には二人の死亡も発生。この被害は東京電力による的確な情報提供がなかったため被曝したとして、提訴に踏み切ったとのことである。直接この人たちと話をした小泉元首相は、感極まりながら耳を傾けたという（2016.5.19 朝日新聞）。情報開示の不充分さを含めて、東京電力の姿勢に問題はなかったのであろうか？

情報開示の不充分さが、

当時の住民の避難の仕方を誤らせたことがあったのではないかとも合わせ考えられることをはじめに触れておきたい。

福島第一原子力発電所の大事故による被害を受けている被災の影響は前ページの表のように深刻な状況である。

すなわち、東日本大震災による直接の死亡者も多いが、特に福島県については、本人、住居・環境、仕事などでの、被曝・被災による疾病・心の悩みによる震災関連死の方が多いのが見過ごせない。

そして政府が安全とアピールして、帰還を急がせているが、住民の心は帰還に不安を感じている。そして高齢者は帰還する気持ちは強いが、未来を託する子女のいる若い世帯は、子女への放射性物質の影響を心配して、その多くは被災地域への帰還をためらっている。

(2) 原発、原発事故に関わる一般的にいわれている放射能の人体に対する影響と許容限界

◎放射能の半減期と身体に及ぼす影響

福島第一原子力発電所の事故における現実の放出量（当初の時期において）と、影響を受ける体の部分は表の通りである。これらが原発事故時の、核分裂によって生じた放射性物質の量と影響である。

放射線による被害で特に重要なことは、子供・幼児に対する影響は著しく大きく、放射線の種類によってがん死亡危険度は、〇歳児は二〇～三〇歳の四～五倍、二〇～三〇歳は五〇歳以上の六〇倍（すなわち、〇歳児は五〇歳以上の一〇〇倍以上）となっており、幼児、子供については、放射能汚染をいかに注意してもし過ぎることはない（子供は特に甲状腺に被害を受けやすい）。

一般に、細胞分裂をしている組織ほど放射線に対する感受性が高い（ＤＮＡを傷つけられやすい）傾向があり、そして成長期にある子供は成人に比べて細胞分裂が盛んなので、ＤＮＡを傷つけられやすく、放射線の影響を受けやすい。また、ＤＮＡに対する損傷のため、子孫に対する影響をまったくは否定できない（二〇〇五年二月衆議院予算委員会公聴会）。被災者もインターネットなどで、子供に対する被曝の影響の大きさを知りつつ、帰還せずに、子供とともに新天地で生活をスタートしているケースは多い。

放射能の半減期と身体に及ぼす影響

	半減期	生物学的半減期
ヨウ素 131	8 日	120 日──甲状腺
セシウム 137	30.2 年	110 日──筋肉、骨、全体
ストロンチウム 90	28.9 年	50 年（骨）──骨
プルトニウム 239	24100 年	100 年（骨）──肺

放射能の半減期と身体に及ぼす影響

	放出量（テラベクレル）	影響しやすい体の部分
キセノン	11000	半減期は短く（5.3 日）空中放散済み
ヨウ素 131	160000	甲状腺 ─ 甲状腺障害・がんの発生（半減期 8 日）、ただし半減期が短く、すでに相当に減っている
セシウム 137	15000	筋肉、全体──（半減期 30 年）はほとんど減らないので、きびしい対策が必須、筋肉の損傷、がんの発生
ストロンチウム 90	140	骨─（半減期 29 年）でほとんど減らないが放射された量が少ない、骨を損傷する
プルトニウム 239	0.0032	（半減期 2 万 4000 年）肺を損傷する

　がんの誘発については、すべての臓器のがんは放射線により既存のがんの「数」を増加させる。放射線量と発がん数はほぼ比例する。成人より子供の方が発がん率が高く死亡率も高い。女性は生まれたときから卵子のもととなる卵子細胞をもっているので、放射線の

被曝限度量

通常の限度量	一般人（平常時）	年間（当初は 20 ミリシーベルト）1 ミリシーベルト、一 ICRP の値と同じ
	放射線作業従事者	年間 50 ミリシーベルトーまたは、5 年間・年平均 20 ミリシーベルト
原発事故時	一般人	（復旧時）1 ～ 20 ミリシーベルト、ICRP ーただし、妊娠した女性作業者は 2 ミリシーベルト以下
現在の限度量	一般人・学校	年間 1 ミリシーベルト以下をめざす一政府
食品からの限度量	一般向け	年間 1 ミリシーベルト、以前は 5 ミリシーベルト一厚生労働省
自然界からの放射線量		2.4 ミリシーベルト（世界平均）、1.5 ミリシーベルト（日本平均）

（注記：“ICRP” 一国際放射線防護委員会）、（単位注記：0.23 マイクロシーベルト／時× 12 時間× 365 日＝約 1 ミリシーベルト／年）

影響が大きい。また、被曝年齢が五六歳以上は細胞分裂のスピードが遅いため、がん誘発率は極めて小さくなり、白血病を除きがん発生率を増加させることはなくなるといわれることもある。内部被曝の問題は、体内で排出されるまで放射能を浴び続けることである（2011.3 神戸新聞）。

◎放射線被曝の度合い、健康に対する影響、限度

　さまざまな指標を表に示す。

　人間の健康に急性障害（確率的影響）がでると判断されている最低値は、一年間で一〇〇ミリシーベルト、すなわち

一般的な被曝線量の体への影響

0.6 ミリシーベルト	胃のレントゲン検査
1 ミリシーベルト	一般人の限度量
6.9 ミリシーベルト	胸部レントゲン CT 検査
20 〜 50 ミリシーベルト	避難区域の目安の被曝量
50 ミリシーベルト以上	帰還困難区域の被曝量
100 ミリシーベルト	健康に影響が高まるレベル
250 ミリシーベルト	作業員の被曝限度量
500 ミリシーベルト	リンパ球が減少
4000 ミリシーベルト	50%の人が死亡
7000 ミリシーベルト	100%の人が死亡

一〇〇ミリシーベルトが健康に影響がでるレベルである。また原発事故サイトにおける作業員の管理値は一〇〇ミリシーベルトである。そして二五〇ミリシーベルトで、白血球が減少するといわれている。そして福島原発事故処理の作業者が一回の緊急作業で曝されてよいとされているのはこの二五〇ミリシーベルトで、特例で定められている量である。三、〇〇〇ミリシーベルトの照射で死の危険性が生じ、そして上記のように七、〇〇〇ミリシーベルトではほとんど死に至る。

放射性物質は、ウイルスなどと違って生きて繁殖するものではない。化学物質なので、従って人の免疫システムで弱めたり、減らしたりできない。腎臓から尿で、腸管から便で排泄することで、内部被曝の影響を落とすことが主たる対処法である（生物学的半減）。欧米で放射性物質対策と称してさまざまなサプリメントが出回っているが、厳密な実験データを欠いている場合が多く、また人体に必要な微量元素をも排泄してしまうような副作用もあるので要注意である。

人体に対する放射線被害と影響を簡潔に集約すれば、「発ガン性、寿命短縮、老化現象の促進」以外に、脳神経系、免疫系、内分泌（ホルモン）系、筋骨格系など多数の病気に及んでいるといわれている。

(3) 基準とする線量、シーベルト・ベクレル、厚労省の基準は？

次に、まずベクレルは放射能の強さ（物質が発する）。一方シーベルトは放射能の量（人・地域が被る）である。

食品についてのベクレル基準値は二〇一二年四月一日より施行され、食品についての下記放射能基準が厚労省より出されている。
年間一ミリシーベルトを受ける条件として、許容できる強さは、食品類ごとに

一般食品：一〇〇ベクレル／キログラム
乳幼児食品：五〇ベクレル／キログラム
牛乳：五〇ベクレル／キログラム
飲料水一〇ベクレル／キログラム

一年間継続した時に一ミリシーベルトの内部被曝を与える値、あるいは一ミリシーベルトを超える内部被曝をしないような放射能濃度をもとに算定している。言い換えれば、その限界（内）値は日常生活で自然から受けている変動幅の範囲内であるともいえる。

以前に比べれば改善はされてはいるが、WHOでの基準に「水」のレベルを合わせたとのことであるが、乳幼児が常飲している牛乳で、日本（厚労省）ではそれより高いレベルを許容しているのは、論理的に解せない（より危険である）。

なお、ヨーロッパ諸国での乳児用食品の基準の多くは一ベクレルである。またドイツ放射線防護協会は、乳児・子供らには四ベクレルを提言している。日本の基準は、これらに比べて改善後もまだ高い。

福島における甲状腺調査の結果（大事故発生に伴う被曝の影響を視野に入れて）

甲状腺がんの検査対象・結果（一八歳以下　二七万人、一次検査）超音波検査、

Ａ１：何もない

Ａ２：のう胞二センチメートル以下、結節五ミリメートル以下

Ｂ１：のう胞二・一センチメートル以上、結節五・一ミリメートル以上――二次検査――精密な検査・採血・尿、

Ｃ：急いで二次検診必要

結果、約五〇％にＡ２がみられた。一、八〇〇人にＢ１がみられ、精密検査の上、異常一一五人、そのうち、甲状腺がん・疑い七五人（良性一、疑い四一、甲状腺がん三三）、三四人が手術を終え、三九人は手術を受ける見通し（二人は経過観察）、以上が一次検査の二〇一四年三月時点における結果である。二次検査は、甲状腺がん・疑、二〇一六年二月年まで五一人、異常は一一六人（2016.5.15 ＮＨＫ）。二〇一六年中に終了予定で進行中（推定を含む）。

低線量の健康に対する影響についての評価

国際放射線研究会議での報告で、全身被曝が一〇〇ミリシーベルトを超えるとがんのリス

クが高まることはわかっている（広島・長崎の調査より）。

そして、米国立がん研究所および英ニューカッスル大の研究報告で、脳に五〇ミリシーベルト被曝した場合五ミリシーベルト未満に比べ脳腫瘍のリスクが約三倍高く、骨髄被曝でも脳腫瘍や白血病のリスクが高かった。

また他の発表では、ノースカロライナ大学の免疫学者スティーヴウィング氏によれば、被曝後の最初の五年で甲状腺異常、甲状腺がんが顕著になり、次に肺がんの上昇がみられ、そして五〇年で骨腫瘍、白血病、肝臓がんが増えるため、一〇年以内にがんを発症する患者が、大きく増える可能性がある、としている。

そして他の研究チームも、二〇一六年六月世界保健機構（ＷＨＯ）に、低線量の被曝で白血病で死亡するリスクが増えるとの原子力発電所の作業員の調査結果を発表している。

また、ＷＨＯによる原発事故によるがんのリスク（二〇一二年十一月）、被曝により有意にがんが増える可能性は高とはいえないが、しかし、福島県の一部での乳児では、事故後一五年間に、甲状腺がん、白血病が増える可能性があるので心配である。

これらを実践的に簡潔にまとめれば、低線量の放射能が人の健康に決定的に大きい影響があるとはいえないが、まったくないともいえない。健康への負の影響を否定しきれないのである（乳児・子供において特に）。故に「不安」が残る場合が大変多い。

(4)チェルノブイリの原発事故に関わる諸要素の実態とあらまし

一九八六年のチェルノブイリの大事故、（一九七九年のスリーマイル島の事故）は、他山の石として活かせたし、また今後も活かせるはずである。

◎チェルノブイリ・福島での核汚染の大きさの比較（一部、スリーマイル島も参考として）

被害・死者の数

福島：原発が直接関わる死亡人数は一、六一二人（二〇一五年）、関連死一、九一四人
チェルノブイリ：四、〇〇〇人――ＩＡＥＡの公式見解（ＷＨＯでは九、〇〇〇人の見通し）
スリーマイル島：死者〇人（避難者数多数）との報道

チェルノブイリの原発事故と、周辺での放射能被害

ソ連時代の一九八六年の事故は、事故そのものが当初隠蔽されていて、避難、汚染された食品、牛乳の摂取制限がある時点までほとんど行われなかった。そのため、一部の子供が、一〇、〇〇〇ミリシーベルトを甲状腺に浴びてしまった。事故による汚染のミルク、乳製品が流通したことにより、約五、〇〇〇人が甲状腺被曝によるがんになったとの報告がある。また社会的パニックで、胎児への影響を恐れ、数千件の中絶があったともいわれている。

使用原子炉の差異は別として大事故発生後の対応の仕方について、チェルノブイリよりの学習により、日本では汚染された食品、牛乳の摂取制限を行ったが、それは当然のこととして、むしろ福島でそれに先立ち、なぜ過酷事故が発生しないような事前の設計上の準備・設備（冷却水対策、補助電源、ベントシステムなど）が行われていなかったのか、東京電力（監督機関――政府）の学習不足（？）が真に残念である。

チェルノブイリの、危険な汚染対象地帯

福島県の一五パーセント、二、〇〇〇平方キロメートル（二〇万ヘクタール）、東京都の広

さに近い広大な地域――が汚染の対象である。二〇一五年三月の福島で半径二〇～三〇キロメートルの地域で、七八パーセントの土地がいまだに〇・二三マイクロシーベルト／時である。またそれに対してチェルノブイリ事故においては一四万五、〇〇〇平方キロメートル（一、四五〇万ヘクタール）であり、また、福島の事故では一二万人の避難者が未帰還、仮設住宅居住は二万三、〇〇〇人であるのに対して、ウクライナ、ベラルーシ、ロシアを含めて、強制避難住民は一一万六、〇〇〇人、避難住民は四〇万人（高齢者ではしびれをきらして帰還する者もいる）。そして汚染地域の住民は六〇〇万人で、今でも内部被曝の精神的不安を感じている。一方、福島でも、いまだに八万人の人々が避難指示解除が与えられず、避難生活を続けており、かつ県民世帯調査でも、七三パーセントの者が放射性物質に「不安」を感じている現況であり、いずれの大事故においても人々には厳しい状態である。

(5)まとめ
――健康に対する配慮・注意――そして今後のあり方

長引く避難生活より、身心の不調を訴える声は多く、離婚に至ってしまう例も少なくなく、そして帰還の希望をもっても現実には大きな困難が横たわっている。

避難解除のでた地域でも、また線量が低下して帰還を考える場合にも、荒れ果てた住まいの整備をはじめとし、水道・ガス・電気・下水などのインフラとともに、他に生活手段としての食料品店、日用雑貨のショップ、病院・薬局、そして子弟と一緒の場合のための学校・公園が不充分な場合が多い。そして事業活動が極端に少ないため、帰還しても仕事がなく収入の道が閉ざされている場合が多く、また他のケースでは、母子の避難により生活は二重となり家計は窮迫するのである。またケースによっては、子供世帯が避難している高齢の父母は取り残され家庭崩壊も進んでいる。そして安全を選んでの核汚染を避けるための自主避難者には、公的支援が少なく経済的な困窮者が多い。これが原発汚染地域における実態である。

なお、(2)で述べているように、幼児・子供の放射線による被害は、中・高齢者のそれよりも大きく（有意性あり）、成長期にある子供は細胞分裂が盛んなので、ＤＮＡを傷つけられやすく、放射線の影響を受けやすいとの根拠も明白であり、子供の安全のため、子供をもつ世帯が他の場所に避難して、新たな生活にチャレンジする姿は、前向きと評価することができよう。

そして、低線量が人の健康に影響がないとはいえなく、その可能性を否定しきれないのである。二〇一五年六月の閣議決定により、「福島復興の加速化」の中で、東京電力が避難指示区域の住民に支払う一人当たり月一〇万円の精神的賠償が、二〇一八年三月で終了。政府からの避難指示を受けずに避難した「自主避難者」について、福島県による避難先の住宅の無償提供を二〇一六年度末で終了するなどは、住民の不安を増幅している(2015.6 朝日新聞)。

繰り返しになるが、本書で述べているように、原発大事故に伴う核物質による汚染がクリアされることはなく、子弟のいる家庭は、汚染のまったくない新天地で生活をスタートする場合が増えている。一方、成人夫婦の場合には帰還を考えるが、住んでいた家屋は荒れほうだいでその修理からはじめなければならない。しかも生活上のインフラ（ショッピングセンター、コンビニ、病院・薬局、友人・隣人の存在・所在）に欠ける場合が多く、長い避難生活での心身の疲労、そして疾病などに苛まれている場合が多く、悩みははてもないのである。

最後に、作業員の被曝問題で見過ごせない大きな問題に触れておきたい。

昨年（二〇一五年十月）北九州市の男性に、被曝による白血病発症の労災認定が下りた。

この男性は福島で一六ミリシーベルト、その前に玄海原発で四ミリシーベルト、（計二〇ミリシーベルト）を被曝しており、急性骨髄性白血病と診断され、その結果医療費、休業補償が支払われる。一九七六年に制定された放射線業務従業者の労災認定基準で、白血病の場合五ミリシーベルト以上被曝し他に原因がない場合に認定されうるとの規定が準用されているものである。総被曝線量（人数×被曝シーベルト）から推定して、二〇一一年は東京電力社員が七〇パーセントであったが、二〇一二年以降は例年九〇パーセント以上が元請け・下請け作業員であり、元請け・下請け作業員の厳しい作業条件が懸念されているが、わずかな救いとしてはこの労災認定基準がある。事故から二〇一五年八月までに働いた作業員の中、五ミリシーベルトを超えた人は二万一、〇〇〇人、また二〇ミリシーベルトを超えた人は九、〇〇〇人であり、これは原発の作業環境の厳しさを如実に示すものであり、発症した場合の申請は当然の権利であろう。

しかし労災認定の制度のない一般住民には、がんを発症しても治療費や休業補償を当然に貰える仕組みがなく、一般住民にも治療費や休業補償を受けられる枠組みをつくるべきであろう。

これらの認定は原発とその事故が、労災上も疾病の発症に対して因果関係をもっており、人々の生活・生存を損なう要素であることを示しているといえる。

「ウォッチ・アウト」

福島県における世論調査（二〇一六年二月二十七～二十八日）の結果では、放射性物質への不安――放射性物質が自身や家族へ与える影響――六八パーセント　廃炉作業への不安――原発の廃炉作業で深刻なトラブルの起きる不安――八五パーセント。

すなわち、被災者、福島県民にとっての原発の悩みは直近でも大きいのである。

第四章

放射性廃棄物の量——管理・処理、および核燃料サイクル——

(1) 放射性廃棄物の管理・処分の問題性、また今後のあり方・方向性

◎放射性廃棄物（高レベル）の量がすでにどのくらいあるのか、まず数字を出してみよう。

次に、核燃料サイクルが、再処理やプルサーマルの帰趨とともに大変重要な論点であろうが、高速増殖炉の不成功と見通しのなさは、決定的な問題を醸し出し、六ヶ所村をはじめとした全原発会社の貯蔵核廃棄物が、未処理・未処分のまま（特に高レベル）、主に六ヶ所村と各原発会社に、保持・貯蔵されている現実なのである。

また、六ヶ所村の再処理施設は稼働のめどがまったく立っておらず、また高レベル放射性廃棄物を地層処分から数百年の暫定保管に切りかえても、日本においては長期保管場所についての引受先がこれまでのところどこにもないので、原発を再開した場合高レベル放射性廃棄物がどんどんたまるばかりになろう。そこでは単なる保管・処理の問題の先送りだけで、まったく解決にはなっていない。まったくの場当たり的な対応をしていると問題はますます大きくなる。原発を再開して高濃度核廃棄物をどうするつもりなのだろうか。そしてすでに

日本全土の核燃料保管プールの七〇パーセントを占めるに至っている。

また核種変換については核変換を行っても、かえって「長半減期の軽元素」ができて、活かしえないこと（現在の技術では）が現実である。

原子力工学の（代表的）専門家の見解も、原子核変換の可能性をまったくは否定しないし、また人間が対応力を出すことの可能性を否定はしないが、蓋然的ではない（可能性が低い）。しかし結論的には──短半減期への核種変換はまず無理である。将来的には、国連での共同検討のテーマになるであろうと（廃棄物の処理方法の開発も含めて）。

(2)放射性廃棄物の発生量・実績量

原発稼働の結果発生して蓄積している放射性廃棄物は、後の世代への負債の先送りの性格が強い深刻な問題である。稼働の結果は次の放射性廃棄物の発生となる。

・原子力発電一基（一〇〇万キロワット）の発電量算出

年間七〇億キロワット／時の電気量（一基稼働のときの例）

ウラン鉱石：一三万トン――天然ウラン一九〇トン

濃縮ウラン：三〇トン（ウラン235）――低レベル廃棄物ドラム缶一、〇〇〇本分発生

――使用済燃料――三〇トン――再処理用向け――プルトニウム（＋ウラン）

――さらに、高レベル放射性廃棄物――固化体三〇本（分）発生

高レベル放射性廃棄物は、

――キャスクに――高レベル廃棄物――固化体三〇本分

――中性子による臨界暴走の生じない設計

――および使用済み核燃料プールも発生

なお、最終的には廃炉（機械類）も放射性廃棄物としての核のごみとなる。これらが一基の稼働により発生する放射性廃棄物の量（主に高レベル放射性）である。並行して低レベル放射性廃棄物が出るのは当然である。

すでに蓄積している放射性廃棄物の全量推定（日本全体の現時点での概算量）

この時点における高レベル放射性廃棄物の保有数は二、六五二本、各原子力発電所に

二万四、七〇〇本（合計二万七、四〇〇本あまり）があり、脱原発により一時的には、上限量の調整が必要であるが、原発再稼働により、この量は究極的には一層増加する。

重量計算では、二〇一〇年九月末現在――各原子力発電所に合計一万三、五三〇トン、各原発から六ヶ所村に運ばれて、保管されている分が二、八三〇トンある（計一万六、三六〇トン）。廃炉が相当数（一〇～一四基）に上り、その放射性廃棄物が廃炉とともに発生することも視野に入れる必要がある。それは地球環境・社会の持続性（サステナビリティ）を著しく損なうのである。

なお、高レベル放射性廃棄物（注：特定放射性廃棄物）の総量が、二〇二〇年（四年後）に四万本に達するとの報告もある。

また、東京電力の事故原発はこの量よりもはるかに多い放射性廃棄物の量となる（第五章参照）。

一方、以上の他に、低レベル放射性廃棄物があり、二〇〇八年年三月現在二〇〇リットルドラム缶六〇万本――六ヶ所村の埋設センターで管理されるもので、その他に各原子力発電所で保管中のものが多量にあり、原子力発電所は全国で一六か所あるので、全量はこの二倍以上であろう。

そして、今後の原発再稼働とともに、ここに示されている量（高レベル放射性廃棄物、低レベル放射性廃棄物とも）が増えるのは至極当然である。そしてまたここに述べている以外の、関連した多量・大量の他のレベルの放射性廃棄物が出るのも当然である。

◎放射性核廃棄物の種類──多くの種類があるがとりわけ注意すべきもの

高レベル放射性廃棄物は原子力発電所の使用済燃料を再処理する工程において発生する。現在、日本において使用済燃料の再処理は、日本原子力研究開発機構（旧核燃料サイクル開発機構）の東海再処理工場および日本原燃株式会社が青森県六ヶ所村に建設し試験運転段階（アクティブ試験段階）にある再処理工場において実施することになっている（今後の主力）。なお、六ヶ所村の再処理工場が竣工し運転が開始されるまでの間の経過措置として、再処理をイギリスのNDAおよびフランスのAREVA NCの再処理工場に委託している。

東海再処理工場で生じた高レベル放射性廃液は、同工場内の貯蔵タンクに厳重かつ安全に保管管理されている。一方、NDAやAREVA NCに委託した使用済燃料の再処理に伴って発生する高レベル放射性廃棄物は、ガラス固化して安定な形態とされた後、日本の電気事業者に返還されることになっており、一九九五年以降、二〇一〇年末までにガラス固化体約一、三四〇本が返還された。なお、ＡＲＥＶＡ ＮＣからの返還は二〇〇七年三月をもって終了している。ＮＤＡからは今後十数年間にわたり、年一～二回の割合で約八五〇本が返還される予定となっている。

核廃棄物の処分（特に高レベル）はまったく進んでおらず、日本の各原発会社も政府もそれに対する対応をまったく進めていないのが実情である。

なお、**高レベル核廃棄物**の処理については、その方法について他国、アメリカ、フランス、フィンランドなどについても研究・開拓中であり、また暗中模索中ともいいうる難題であるが、日本は、そのレベルにも至らず、検討、構想づくり（地域選定も含む）もできておらず、原発所有国の中では最も遅れているといえよう。大きな改善が必要である。

ここで現在提示されている高レベル放射性廃棄物の最終保存の容器・また仕方についてみてみよう。「特定放射性廃棄物の最終処分に関する法律」で使用済核燃料の再処理後の高レベル放射性廃棄物は地層処分という方法で最終処分することになっている。

これについては放射性廃棄物を高温で溶かした比較的安定性のあるガラスと混ぜ合わせキャニスターと呼ばれるステンレスの容器の中で固めてガラス固化体にし、さらに厚さ二〇センチメートルの炭素鋼に入れた上で七〇センチメートルの粘土で包む、そしてそれを三〇〇メートルの深さの岩盤に埋めるとの案である。しかし専門家の見解では、このような現有の科学知見レベルでの耐性物質での構造で、放射能の半減期が万年単位のものが多い核放射性物質に対してそのような長期に耐えうるのか。地震は通常地下一〇キロメートル以上の深さで発生する。三〇〇メートルの深さでは震動にのみ込まれるのではないか、東日本大震災（一三〇キロメートルの沖合で五〇〇ガル）以上のガル（新潟中越地震で二、〇五八ガル、岩手宮城内陸地震で四、〇二二ガル（ギネス記録））の大地震に曝される可能性のある弱い地盤の日本で果たして大丈夫なのか、大きな疑問を感じるのは筆者のみではないであろう。

このような核廃棄物の処理と、核燃料サイクル、そして高速増殖炉（核燃料サイクルの一部ともいえよう）の関係は極めて深く相関連している。ある面で捉えれば、核廃棄物の処理を軽減するために核燃料サイクルを画策していたといえ、増殖炉が成功しないまま原発の稼働を続けると、核廃棄物の処理量が一層大きくなるといえるのである。

このような現状と見通しの基に、日本学術会議は、広範な国民が納得する原子力政策の大局的方針を示すことと、高レベル放射性廃棄物の暫定保管と総量管理の二つを柱に政策枠組みを再構築することが不可欠であると提案している。その根拠は、高レベル放射性廃棄物の完全な廃棄・処分は、現在の科学、技術で迫ることのできる範囲を超えているとの判断だからである。

(3) 核燃料サイクル、核燃料再処理、――そして発生している核廃棄物

◎六ヶ所村の諸施設（工程）

――核燃料再処理――日本原燃を含む

六ヶ所サイトには、核燃料再処理をはじめとして、ウラン濃縮工場、上記の返還高レベル放射性廃棄物貯蔵、使用済核燃料プール、再処理工場、ＭＯＸ燃料加工工場、低レベル放射性廃棄物最終処分所、使用済核燃料中間貯蔵施設（むつ市）が、ここに集積している。

しかし使用後ウラン燃料再処理工場での再処理工程が不可能となっている現在、前記のよ

うにフランスとイギリスに送り、その海外よりの返還の高レベル放射性廃棄物を引き取っている。そして分離・精製工程でプルトニウムとウランに分けて取り出し、そして高レベルの放射性廃液を分離、ガラス固化する。

二〇〇八年末の六ヶ所村での事故により、今ではこのサイトでの再処理が不能となっていて、そして三、〇〇〇トン(使用済核燃料)の高レベル放射性廃棄物でプールがほぼ満杯となっている。

そして高レベル放射性廃棄物の最終処分所が、他の自治体による引り取りがこれまでないまま、この地（六ヶ所村）が事実上「最終処分場化」している。

次に述べる、核燃料再処理施設では、東日本大震災のとき、この地において、外部電源が遮断、非常用ディーゼル発電機で冷却システムに給電する事態に直面、また四月七日の余震でも外部電源が遮断、非常用ディーゼル発電機で給電するぎりぎりの対応をする危機に陥ったのである。このような状態で一年間に八〇〇トンの核燃料の再処理ができるのであろうかとの懸念が感じられるし、現実に再処理の技術確立、稼働は見えていない。

以上の他、さらにまた、青森県内の隣接地には、東北電力の東通原発がある。

◎核燃料サイクル
──核燃料再処理を含む

核燃料サイクルの総プロセスのコストは、（一二兆円──再処理部分）一八兆八、〇〇〇億円ともいわれる（事業の核燃料再処理を含めての全体分野、──そしてこの額がしばしば簡易にバックエンドコストの額とみなされるので、第六章のように、総額としては修正が必要なのである──）。

究極的狙いの高速増殖炉「もんじゅ」はまったく成功していない（(4)を参照）。高レベル放射性廃棄物が発生しているままである。

この再処理工場の建設費は当初七、六〇〇億円であったが、すでに二兆二、〇〇〇円に膨れ上がり、完成もさらに先延ばしの二〇一八年中に延期された。先に述べたように受け皿としての増殖炉による核燃料サイクルが成功しておらず、またこの工場の再処理コストもイギリス・フランスでのコストに較べて割高となる問題をかかえている。そして近くの海底に大陸棚外縁断層があることが指摘されていて（危険である）、再処理の稼働は見えていない（東海村にも再処理の実験炉はある）。

この再処理施設は建屋間配管が極めて長く、込み入っており、地震などに対して原発とは異なった安全基準（より厳しいか？）でなければならないとの問題もかかえている。

そしてわが国は、すでに現在四七トンのプルトニウムを保有し「余剰プルトニウムをもたない」との国際公約に反している問題も同時にかかえている（しかも原発再開で八トン／年発生の可能性がある）。

代替的に（高速増殖炉もんじゅも成功していないので）、プルトニウム―MOX（Mixed Oxide）燃料加工工場の稼働も問題含み――MOX燃料――プルトニウムとウランの混合酸化物燃料の使用、六〇パーセントの核分裂性プルトニウムにウランを混合したMOX燃料を使用して運転、〝プルサーマル〟原子力発電――「熱（サーマル）中性子炉」――原子力発電所の普通の原子炉（軽水炉）使い――高レベル放射性廃棄物が発生、――できたプルトニウムを消費するためともいえよう。そして、稼働後に放射性廃棄物が発生するのである。現在MOX燃料による発電もまた問題はらみである。

電気事業連合会では、一六～一八基でのプルサーマル原子力発電の構想であったが、現在は五～一〇年の間に（二〇二〇年頃）、その半数ぐらいの実現との予測がある。

また、青森県大間原子力発電所でフルMOX原発を建設中（大事故後の新設第1号）。

なお、プルサーマル運転（休止中）は、現在は伊方3号機、玄海3号機、高浜3号機（二〇一六年一月新基準後再稼働）程度に限られている（なお、福島第一原発の3号機も）。

原子力発電の稼働に伴い発生するプルトニウムを活かしての増殖炉が成功していないために行おうと構想しているＭＯＸ燃料を使用してのプルサーマル原子力発電も、プルトニウムはウランに較べて中性子をよく吸収し核分裂を起こしやすく、制御が難しい。またＭＯＸ燃料は、加工施設、処理そのものにコストがかかり経済性もなく、その処理にかかるコストはウラン燃料の処理の一・五～一・八倍になるとの計算もあり、結果的に発電コストも一〇～二〇パーセント高くなるとの計算がある。それがプルサーマル発電が単にその場しのぎの希望的構想・算用となっている理由でもある。

(4)高速増殖炉「もんじゅ」
──福井県敦賀市──日本原子力研究開発機構

高速増殖炉は、当初、政府や電力会社にとって使用済核燃料、つまり「ごみを」リサイクルして新しい核燃料につくりかえ、そしてそれを高速増殖炉で使おうとの「夢のような計画」

であった。一九八五年に工事スタート後、一九九四年に臨界に達したが、一九九五年にナトリウム漏れを起こし、二〇一〇年の運転再開に至るまで運転は中止しており、この間技術開発に成果が見られないまま今日に至っているのである。

「もんじゅ」は、実験炉、実証炉を経た後、「原型炉」として、一九九五年に試運転を始めたのであるが、ナトリウム噴出で火災を発生、その後一四年以上の休止の後、短期間の運転もあったが、現在も多くの問題が発生していて、ほぼ開店休業の状態で、すなわち、一兆円を大きく超える費用支出をしていながら、まったく成功していない。この高速増殖炉「もんじゅ」をあきらめると、核燃料サイクル計画全体も破綻し、全体構想の中でも使用済核燃料の処分・処置に大きな課題を残すことになる。

二〇一五年十一月に、新しい内閣での「行政事業レビュー」で、高速増殖炉「もんじゅ」も俎上に上っている。その争点は、目先の問題としては、二〇〇五年以降の開発・運営の主体としての日本原子力研究開発機構の仕事に次のような多くの問題があり、運営・運転の主体を代えるべきであるとの原子力規制委員会の勧告である。すなわち、試験運転再開後一〇年の間に、炉内での装置の落下、二〇一二年の一万点の機器の点検洩れ、その結果での二〇一三年の原子力規制委員会による運転再開禁止命令などである。

高速増殖炉の構想では、燃えないウラン238──ウランの九九・三パーセント（核燃料のウラン235は〇・七パーセント）をプルトニウム239に変換して、消費した以上の燃料を生み出す。すなわち、九八パーセントの核分裂性プルトニウム239が大量に生成されるとの構図である。

元々高速増殖炉とは、運転の結果、発電しつつ、核分裂性プルトニウム239がさらに生成される装置であり、一方「もんじゅ」の炉心には、大変危険な核分裂性の一トンのプルトニウム（毒性・悪性の高い）が生成される（長崎に投下された原爆──一キログラムの──一、〇〇〇倍の量）ものである。

事業性・対社会適正の検討のための技術関連事項は、大略以上の通りである。

高速増殖炉は重大事故がすでに各国で発生

アメリカは増殖炉──グローバル原子力パートナーシップ（ＧＮＥＰ計画）を提唱したが、二〇〇九年に計画凍結、また断念。

イギリスでは閉鎖、開発計画なし。

ドイツではメルケル政府は原発（高速増殖炉を含めて）断念、計画なし。

イタリアは高速増殖炉の計画はない。

フランスは差し当たっての廃止を決定。しかし二〇二〇年に運転再開予定？

ロシアではBN1200商用炉を二〇二〇年の運転開始目標。高速炉の開発を強化など。

——注意を要する動きではある。

インドはフランスの技術を導入——二〇三〇年までに高速増殖炉を建設予定。

中国はロシアよりの技術で開発中——要注意の動きである。

以上が、各国の中止等の現状である。

日本も高速増殖炉の技術的な成功の可能性はほぼないに等しいと判断される。

現在あるわが国の原子力政策大綱で「二〇五〇年に高速増殖炉を動かしたい」との（何と三四年先）、遠い将来の願望的目標に示されているように、日本の高速増殖炉は休眠が続く状態であろう。

高速増殖炉には以上のような問題が多く、技術開発・確立ができておらず、他国の開発・撤退をみるとき、わが国としてもこれ以上の運転・開発を続けることに踏ん切りをつけて、撤退・中止すべき（技術者の面子をかなぐり捨てて、またすでに一兆円の投資をしてしまっていることにとらわれずに）ではなかろうか。そして核廃棄物の減容・量の研究（可能性があれば核融合の基礎研究も）程度を残すに留めるべきと考えられる。そしてすでに発生しているプルトニウムは、基本的には廃棄・最終処分の対象とし、また補完的には前記のようなＭＯＸ燃料とし、プルサーマル稼働により漸次プルトニウムの所有量を少しでも減らすべきであるとの楽観的見解もあるが（原発再稼働するとしても）、しかし基本的には再稼働をしないことが、究極的にはプルトニウムの所有量の削減にも通じるのである。

すでに、日本の政治の世界でも、高速増殖炉について二〇一二年に、年度を区切って研究計画を策定し成果を確認の上、研究を終える（ただし核燃料サイクル政策は続ける？）、との方針もいったん打ち出されているのである。また、二〇一四年のエネルギー基本計画でも「もんじゅの実用化」の文字は消えているのである。

高速増殖炉「もんじゅ」の訴訟

高速増殖炉「もんじゅ」絡みの訴訟について触れておこう。福井住民が廃炉を求め原子力規制委員会を相手取りその設置許可を取り消すよう訴えを二〇一五年に東京地裁に起こした。

「もんじゅ」に関わるこれまでの経過を争訟を含めて振り返ると──

一九八三年五月に原子炉設置許可、一九八七年十二月に福井地裁──住民側の原告適格を認めず、一九九二年九月に最高裁――住民側の原告適格を認め福井地裁に差戻し、一九九五年十二月にナトリウム漏れ事故発生、虚偽報告も問題に、二〇〇三年一月に名古屋高裁金沢支部――原告勝訴の判決、原子炉設置許可は無効に、二〇〇五年五月最高裁が国側勝訴の判決、二〇一〇年五月に一四年ぶりに試験運転再開、二〇一〇年八月炉内に中継装置を落下させ運転停止、二〇一二年十一月に約一万点の機器の点検漏れを原子力規制委員会に報告、二〇一三年五月に原子力規制委員会が運転再開準備を禁ずる命令、二〇一五年にも機器の保守管理の不備が表面化、二〇一五年十一月に原子力規制委員会が運営主体を代えるよう文部科学省に勧告、――すなわち、住民としても、三〇年以上にわたって運転できずにトラブル続きで、かつ核汚染物質とそれによるリスクをかかえるもんじゅに見切りをつけてもらいたいとの心底よりの叫びである。

(5)この章の、放射性廃棄物の量

――処理および核燃料サイクル、のまとめ

高レベル放射性廃棄物の処分・廃棄の問題のみから考えても、原発問題の厳しさ、深刻さが前述の資料より読み取れる。すなわち──
・現在国全体にたまっている廃棄物は⑵で示した通りである。なお、大事故のあった福島第一原発にあり、かつ今後三〇年以上にわたっての事故現場の処理・対応で発生する廃棄物（高レベル、低レベル）は、これらとは別に大量に発生するのである（第五章を参照）。
・累積してたまっている**大量の核廃棄物を放置してあるのは、原発に関する今の政治の決定的に大きな汚点ではなかろうか。**
しかも日本は地震・津波大国である。そのような条件の下、ここで示している厖大な量の放射性廃棄物が処理・処分ができないまま、地球環境のサステナビリティを大変害しながら、原発再稼働の基本政策が示されているのは大変理解に苦しむところである。

さらに、二〇一四年二月の再稼働政策への転換、そして二〇一四年十二月の自民党（与党）の衆議院議員選挙大勝後積極化した再稼働（川内、高浜、大飯、大間、伊方など）により発生する核廃棄物の量は、事故がなくても一基当たり前述の通りである。そして増殖炉不可での代替的プルサーマルの稼働による排出もある。

原発稼働に伴う極めて危険な核廃棄物の発生、そしてその最終処分の方法が見いだしえない現状、特に他の世界の地域におけるような一〇〇万~億年単位の岩盤ではない地震の多い日本列島での原発稼働の危険性は極めて大きい。

そして簡潔にまとめれば、稼働推進派の主張は、①核燃料サイクル、特に高速増殖炉で核分裂の原料調達に大きく役立ち、②原発稼働に伴う核廃棄物の発生量を減らす、との構図・見たてである。しかし現実は①については、プルトニウムというウラン以上の毒性の強いものが発生し、また②については、最終的に発生する核廃棄物の量は減らないのである。そして核燃料サイクルの枢ともいいうる高速増殖炉の技術確立・稼働は大変難しく、成功は程遠い(もしできたとしても)のである。

筆者は今より半世紀以前に、大学の自分の卒業論文の「原子力発電の実現の可能性と……」の中で、発生する放射性廃棄物の最終処理のむずかしさと、放射能障害の危険性について言及しているが、現時点でもそれらの課題が大きく残っており、この書籍であらためて、それに対するより一層の研究・技術開発と、それによる問題解決の重要性を指摘したいのである。

すでに発生した、また再稼働に伴い発生するする、大量の放射性廃棄物の処理・廃棄は現在原発がかかえている最大ともいえる問題であり、前に述べている日本学術会議の提言を、多くの市民、日本の知性よりのものとして、政治は真摯に受け止めるべきではなかろうか。すなわち、ここで述べているように、核燃料の再処理の稼働は見えていなく、また高速増殖炉は成功しないまま休眠が続いており、まったく対応の道がないまま、また先も見えないままの状態である。

日本学術会議の提言のように核廃棄物総量規制を行うべきであり、そのためにはスタートを始めた原発再稼働でよいのかどうか、目先の、「我」の利益のみに着眼するのではなく、今一度基本に戻って、日本の人々、世界の人々と、後の世代をも配慮した政策を検討すべきではなかろうか。（長期）政策を脱原発に切りかえ、核廃棄物の総量を抑えつつ、すでに発生している（しつつある）廃棄物（特に高レベル）の処分・廃棄の仕方の研究・技術開発をしつつ対処すること以外に、本来方法があるのであろうか？

「ウォッチ・アウト①」

福井大学にて原発廃炉の工学的研究（開発）を続けており、廃炉、核廃棄物の最終処分の技術・開発はやや避けられる研究対象であるときに、男女二人の学生が、廃炉などの技術研究を積極的に行っているのには（明るくインタービューを受け、2016.5.27 NHK）、大変前向きで、原発の廃炉の今後の方向性に明るさを感じさせるものがある。このようなこれからの人々に大いに期待したいものである――敦賀原発の立地を福井県内にもつ。

「ウォッチ・アウト②」

米廃炉専門会社のエナジーソリューションズより、日本原子力発電は廃炉の技術協力を受ける契約を締結した（二〇一六年四月二十一日）。そして敦賀1号機の廃炉の効率化を目指すとともに、将来は、他社の廃炉作業につなげたい構想である（特にこの部分が重要と思われる）。

第五章

東京電力の大事故とその処理、その経営状態

(1)福島第一原発事故の過酷さと被害の大きさは計り知れないが

◎大事故と、それの東京電力の事業経営に対する影響はどうなっているであろうか?

東京電力の過酷事故で忘れられてはならないことは、東京電力の社内でも事故前に一五・七メートルの津波の遡上が試算されていたことである。

一方、忘れてはならないことは対照的に、東北電力の女川原子力発電所の建設に当たっての、平井弥之助元副社長の直感と決断であり、津波の恐怖を知り尽くしていて、周囲の反対を押し切って一四・八メートルの高台に立地させたことであった。現実に津波の高さは一三メートルであり、土地の若干の沈下があったが、わずか八〇センチメートルの差で難を免れたのである(最大加速度五六七・五ガルで、福島第一原子力発電所の五五〇ガル以上に激しい揺れ)。万が一のための構造として、引き波にも冷却水を確保できる構造にしている点も合わせて指摘しておきたい。平井弥之助氏は家の近くにあった千貫神社での伝承「船が山にのぼる」を見事に経営において活かしたのである。

東北東海岸に立地している茨城県の日本原子力発電の東海第二原発も、大津波直前の二〇〇七年に、冷却用ポンプを守るため、側面壁を設け大津波対策を行っており、津波は五メートルと高くはなかったが、一部の浸水はあったものの大事故の難を免れたのである。

この対比は比較にならないほどの大きな差となったのであり、その典型が以下に述べる「悪しき」事例の東京電力の事業経営だったのである。

(2) 東京電力の原発事故処理と発生する核汚染廃棄物

大事故現場での廃棄物と整理の難航

しかし大事故現場での作業は困難・大変な危険を伴うので、改良ロボットで、調査・準備作業を進めている。現場周辺にこれらからの多量の核汚染の廃棄物が排出、発生している。

――主に次のような廃棄物である。

原子炉、建屋絡みのデブリ（メルトダウン）、ガレキの処理（主に高レベル放射能）

・事故現場で増え続けている汚染水、工場地下水の対応（高・低レベル放射能）
・発電所周辺の生活地域・農地での汚染・整備、と除染（主に低レベル放射能）

現場は、想像を絶する巨大な廃構・廃墟のサイトと、周辺の荒廃現場である。

原子炉・建屋（一～四号機）の廃炉・処理、デブリ、ガレキなどすべての処理（整地化）

二〇一一年十二月に第一回ロードマップ、二〇一三年六月に第二回、そして今回二〇一五年六月に第三回の修正したロードマップを左表のように発表している。従来のロードマップに対し、燃料棒取り出しを最大約三年遅れに修正、しかし溶融溶け落ち燃料（炉心溶融――メルトダウン）についてはスケジュールを変更せず、全体の作業の終了時を（二〇四一年～）二〇五一年としている。四号機は水素爆発はしたが事故時運転停止していたため、これのみ燃料棒取り出しを完了。なお、全体工程は今後（三〇～）四〇年の作業である。

他の溶け落ちている燃料（メルトダウン）（一～三号機より）の取り出しは、建屋内、原子炉内の状況はほとんど分からず、作業員の被曝をおさえるためにも、水素爆発を起こした1、(2)、3号機では、原子炉建屋を頑丈な建屋カバーでまず覆う。格納容器を水で満たす「冠水」をあらかじめする必要があり、そのためにも時に発生している水もれを止める必要があ

崩壊原発サイトでの廃炉処理の現況（５年目）、今後のロードマップ

	2014	15	16	17	18	19	20	21	22	25	41	51
１号機	カバー解体						☆	☆				
				ガレキ撤去						○		○
２号機							☆	☆	○	○		
３号機						☆		☆	○	○		
４号機		☆	☆									

☆〜☆：使用済燃料棒取り出し
○〜○：メルトダウン燃料取り出し
１号機は特に遅延、３号機の燃料棒取り出しは早め、
４号機は燃料棒取り出しのみ、済み

る。溶けた燃料の取り出しのスタート（二〇二〇〜二〇二二年頃）までに数年の時がかかるであろう。また国と東京電力の発表として、廃炉作業の終了までには（三〇〜）四〇年の歳月がかかるであろうとの見通しである（このページのロードマップ、――2015.6東京新聞、他の情報に基づく）。

廃炉検討の最新の情報（2016.5.29ＮＨＫ）では、推定される核燃料デブリは何と六〇〇トンであるという。

また以上のため、また超高濃度放射性汚染水の除去のための作業員の確保も大きな課題である。

大事故サイトの現場については不明なところが多く、また専門的過ぎるので、むしろロードマップの履行を確認することが大切であろう。

次は東京電力の廃出・排出量であるが、すべて

はカバーしていない。廃炉処理の過程・進捗で予期しない事象の発生（特に突然の地震、津波を含む）で、さらに増加することが充分にありうるのである。

高レベル放射能（主に）——使用済燃料棒（炉心溶融を含む）など

・一号機では、使用済燃料取り出しのために二〇一一年十月に設置した建屋カバーの解体を、飛散防止液状樹脂を撒きつつ着手。

——燃料集合体三九二本（使用済み）、建屋 地下汚染水——一万四、〇〇〇トン

・二号機は、建屋内の放射線量が高く（遠隔調査中）、難航している。

——燃料集合体六一五本、建屋地下汚染水二万二、九〇〇トン

・三号機は、作業中に周辺機器が燃料プールに落ちるトラブルが発生、作業中断

——燃料 集合体五六六本、建屋地下汚染水二万二、五〇〇トン

・四号機について、未使用燃料棒一、三三一本

使用済燃料二〇四本、建屋地下汚染水 ——一万七、一〇〇トン

福島第一原発全体としては、燃料集合体三、一〇八本、建屋地下汚染水七万六、五〇〇トンである。

・そして全体に、ここでの記述では表現しえないほど、難航していてずれ込んでいる。

前述した対処・対応のロードマップのごとく、溶融燃料の取り出しは、二年以内に調査を終え、二〇一八年頃に工法を確定し、二〇二一年頃からはじめる。溶融燃料の取り出しを含めて廃炉の最終的処理は二〇五一年をターゲットとしているが果たしてどうか？

このような炉廃棄処理・処分に伴い、高レベル放射性廃棄物をはじめとした大量の廃棄物が発生するのである。

多量の高濃度汚染水の処理

一～四号機について、毎日四〇〇トンの汚染水が増え続けている。メルトダウンをした一～三号機で燃料を冷やし続けなければならないからである。原子炉建屋に入り込む地下水と混ざり合って、汚染水は増え続け、二〇一五年二月末現在、三五万五、〇〇〇トンの（五二万トン――他の計算値）、汚染水が敷地内にたまっている（一、三〇〇日分）。敷地内に作ったタンクの容量は一、〇〇〇トン（一〇メートル強の立方のタンク）で、全部で千基に近づいているであろう。汚染水対策に根本的処理対策がないまま、泥縄式に進められてきたからであろう。

以下のように廃棄物の放射性を除去する試みを計画しているが、その順調な進捗には大変疑問がある。また除去により発生するラビッシュ、スラッジに放射能が転移していることも充分にあると考えられるのである。

さらに、事故直後に発生してたまった超高濃度の汚染水が地下の土壌に拡がり、その一部が海に漏れ出ている可能性がある。そのために護岸に壁を造って汚染水が海に漏れ出ないようにする方法を構築中である。

それらに対する対策としての「凍土壁」

地中に氷の壁を作り、零下三〇度ほどの冷却材（液体）を循環させ、周囲の土壌を凍らせ、原子炉建屋、タービン建屋に地下水が入り込まないように（総延長一、五〇〇メートル）、そして海水への汚染水の漏洩を防ぐとの意図で、二〇一四年中に完成予定としていたが、凍結が計画通りに進まず、そこでセメントの注入も検討してきている(四七〇億円の予算)。すなわち、この高濃度の冷却水・汚染水の処理・対応は、原発大事故に伴う最大の課題の一つである。

汚染水は今後も長期間、住民に悪影響を及ぼす

新しい開発技術として、東京電力は高濃度汚染水の浄化の作業を「ＡＬＰＳ」――多核種除去設備、改良型ＡＬＰＳ（放射性物質除去設備）ストロンチウム除去設備を使用して、汚染水を増やさない（汚染度を低める）作業を進めているが、トラブル続きで浄化作業は難航している。現在の高濃度汚染水、約三五万五、〇〇〇トンをこれらの機器により低濃度汚染水、約一五万八、〇〇〇トンに変換しようとするもの、処理能力は七五〇～一、九六〇トン／日。除去設備「ＡＬＰＳ」の試運転も二〇一三年三月に開始。これは貯蔵する汚染水から、トリチウム（三重水素）以外、放射性物質を除去するとの装置で、一日七五〇トンの処理能力があるといわれているが、現実にはコバルト60など四種類の除去はできず、すなわちストロンチウム、（セシウム）のみの除去に限っていて、処理核物質、処理能力も含めていまだ課題がある。

凍土壁の構築でも、二〇一六年二月十五日、三月三日の報道では、原子力規制委員会の提言を受け、まず下流側（海側）のみを行い、段階的に全体を構築することとする（完成にはその後八か月を要する）。すなわち、汚染水は今後も住民にとっての苦悩を長期に与え続けることであろう。

東京電力の大事故のような場合でない、普通の（正常な）原発の稼働においても、このような（高）レベル放射性廃棄物（使用済燃料棒、冷却水・汚染水など）が発生して、その適正な処理、処分が必要とされる。

周辺の生活地域・農地での汚染・除染（主に低レベル放射能、一部高汚染度放射能）

保管されている汚染土は、五〇〇〇万立方メートルと報告されてる。

そして、高レベル放射性廃棄物については、日本学術会議の提案（別途報告）を強く考慮することが望まれるが、内閣としては、再稼働を急いでいるためか、その提案に対してむしろ批判的であるといえよう。

なお、東京電力が願望している核種変換は、いまだ途上の技術であり、完成しているものとはいえず、量産適用の問題、変換により返って不適正な物質が生成されることもありえるなど、今後の充分な研究・開発の余地を残しているものである。

まとめとして、他の章でも述べるが、原発は未来の子孫に対する負債（未処分核廃棄物）を押しつけて稼働していることが、倫理の欠落として政治・経営者により深く理解されなければならない。なお、現在の（年々の）大事故対応の費用のある一部は、東京電力では特別損失の中で、経理処理をしつつある。

(3) 東京電力のその後の経営的側面
――大事故の影響を受けての経営は？

◎二〇一一年三期月より二〇一六年三月期（当期）までの事業収益を中心に――（有価証券報告書、期報告書などの資料より）

営業収支、経常収支（経営）連結――過酷事故に伴う特別損失での大きな負担は別途、二〇一四年三月期より黒字に転じている（表1）。二〇一四年三月期に、営業収支、経常収支ともに黒字化、二〇一六年三月期の黒字の最大の理由は、

・第一に、燃料としての石油よりＬＮＧへの切り換え
・第二に、原油価格とスライド制のＬＮＧ価格の低下・安定
・第三に、汽（火）力部門が、燃料費以外のコスト競争力が相当にあること

なお、二〇一四年三月期は電気料の値上げあり。

発電事業のコスト、その競争力検討（汽（火）力、原子力）

表-1 総合的な経営結果（単位：億円）

	2011.3	2012.3	2013.3	2014.3	2015.3	2016.3
売上高	53685	53494	59762	66314	68020	60699
営業収支	+3966	▽ 2725	▽ 2220	+1914	+3165	+3722
経常収支	+3177	▽ 4004	▽ 3270	+1014	+2080	+3259
当期純益・損益	▽ 12473	▽ 7816	▽ 6853	+4386	+4516	+1423

表-2 総合的な経営結果（単位：億キロワット／時）

	2011.3	2012.3	2013.3	2014.3	2015.3
火力発電	1809	2103	2302	2256	2118
原子力発電	838	281	0	0	0

（他に水力発電あり）

火力発電部門（LNG、石油など）には、永年培った事業経験・技術があるのであろう（表2）。

コスト的に有利なファクターが相当にある（表3）。

発電部門のコスト比較

火力発電部門では、新規稼働がある。人件費は大きくは増えず、原発部門との比較で絶対額も少なく、また修繕費もあまり増えていない。工場原価は低下しており汽（火）力発電部門のコスト競争力が見てとれる。汽（火）力発電の蓄積された製造技術力の有利性と、工場生産技術

表-3 二発電部門のコスト内記（単位：億円）

	汽（火）力発電部門			原子力発電部門		
	2013.3	2014.3	2015.3	2013.3	2014.3	2015.3
給料・人件費	172	169	178	486	491	546
燃料費	27469	29004	26471	0	0	0
（ガス LNG）	（19763）	（22741）	（23287）			
修繕費	839	667	700	323	247	493
委託費	72	75	84	996	939	1166
減価償却	925	1690	1612	799	745	756
工場原価合計	29884	32017	29515	4297	4699	5487

2013.3 ～ 2015.3：原子力は稼働なし
委託費：除染、諸工事を含む

の成果が認められる。一方、原子力部門は、稼働なしにも関わらず、従業員を張り付けた作業の費用、外部委託の作業が多くあり、原発操業・事故の傷あとが読み取れる。すなち工場・運転での汽（火）力発電部門の生産性がよい方向に働き、その部門が収益性確保の主たる要素となっている。二〇一五年での値上げ見合わせの根拠に、汽（火）力発電のこのかくれたコスト競争力があるのであろう。また、原油価格とそれにスライドするＬＮＧの価格は低下していて（ＷＴＩ、二〇一一～二〇一三年、一〇四・五ドル／バレル、二〇一六年五月、五〇ドル／バレル強）、これが事業収益にプラス要素となっている。

表 -4 従業員数・人件費

	2011.3	2012.3	2013.3	2014.3	2015.3
従業員数	36683	37459	36070 (E)	2256	32831
人件費（原子力）	27500				54600
人件費（汽（火）力）	21200				17800

（単位）従業員数：人、人件費：100 万円

表 -5 経営指標と構造的なバランスシート

	2011.3	2012.3	2013.3	2014.3	2015.3
資本金	9009	9009	14009	14009	14009
株主資本	16303	8487	11635	16021	20528
利益剰余金	4940	▽ 2875	▽ 9728	▽ 5341	▽ 834

（単位：億円）

株主資本は 2012 年３月の 8487 億円を底に増加

利益余剰金は 2012 年３月以降、マイナスは減少中

従業員の数、人件費について

全社の従業員の数は、この四年間の間に三、八五〇人（九六〇人／年）も継続して減少しているのは何なのか、容易に想像できることである（表４）。

一方、部門ごとの人件費では、稼働していない原子力では大きく増え、原子力の大事故サイトでの作業の困難さが読み取れる。処理の作業・対応における技術開拓の蓄積になっていればよいと期待したい。他方、会社として全面的に依存している汽（火）力部門の人件費が減少しているのは、その部

表-6 大事故に関わる固定資産と固定負債

	2013.3	2014.3	2015.3
固定資産ー未収原子力損害賠償金	8918	11018	9260
使用済燃料再処理積立金	10708	10169	9619
固定負債ー災害損失引当金	7020	5961	5210
原子力損害賠償引当金	17657	15636	10616
使用済燃料再処理引当金	11086	10545	9958

（単位：億円）

門の高効率が読み取れるとともに、会社としては、その存続にとって大変有難い効率的稼働のはずである。

事故対応に関わる事業経営的側面

損害賠償などの大事故処理絡みに関して貸借対照表関係は表５、６の通り。

損害賠償などについて――、この大きな額で資産と負債をバランス化している。原子力損害賠償支援機構の資金により担保されているといえよう（出資比率五四・七パーセントの大株主）。

実質国有化された企業として政治政策的に特別に認められている処理であろうが（東京電力に対する支援として賠償金等用に仮に給付されたもので、本来的にはいずれ返還する必要のある金額なので）、今後さらなる賠償金、除染費用、廃炉に伴う費用等々の発生で、企業の究

表 - 7 特別損失の計上額

	2011.3	2012.3	2013.3
特別損失額計上	▽ 10777	▽ 28679	▽ 12488

	2014.3	2015.3	2016.3	計
特別損失額計上	▽ 14622	▽ 6163	▽ 9120	▽ 8.1 兆円

（単位：億円）

極的通信簿としての最終損益は長期にわたって、実力的には厳しい局面が続くことであろう（表6、7）。

特別損失の計上額

・主に原子力絡みの特別損失の内訳（表7）

―原子炉の冷却、飛散防止、安全性確保に関する費用

二〇一一年三月、二〇一二年三月、二〇一三年三月、二〇一四年三月、二〇一五年三月の各期。

―原子炉・施設の解体・廃止に関わる費用、賠償費用、上記は発電所全サイトと、主に一～四号機および五、六号機、二〇一一年三月、二〇一二年三月、二〇一三年三月、二〇一四年三月、二〇一五年三月の各期。

また、事故現場における廃炉作業などでの困難・遅れによる費用支出（廃水・汚水を含めてのトラブル）が依然として増えているはずである。

被災者に対する賠償費もはじまっている。除染は外部委託が主であり、多くは発電（工場）原価費目での計上と思われる。

以上の数値の多くは現在（二〇一五年三月）に至る有価証券報告書に基づく正しい数値である。

なお、会計検査院は約九兆円の東京電力支援金の回収に懸念を示している。

以上のまとめ

日常の経営（営業利益、経常利益）においては、二〇一六年三月期（二〇一五年四月の期）も二〇一五年三月期に引き続き黒字ベースが続いている。燃料費は相対的に高目であるが（原油ＷＴＩ、それにスライドするＬＮＧ価格は低落・横ばい）、火力部門の生産性は充分に高いのである。

しかし特別勘定後の最終損益ベースでは、大事故処理に関する特別損失（発電設備・原子炉の解体費、除染費用、災害補償費、高レベル核廃棄物作業など）では、その額は相当に大きく続き、実質的に長期に損失（赤字）の構造が続くであろう。実力ベースでは、大きな額の特別損失が続くが、しかし現実は原子力損害賠償支援機構よりの支援（特益）でカバーしているので、ある程度の黒字が二〇一六年三月期も出せているが、すでに被っている事業の構造的・基本的問題があるので、大幅な収益向上（営業・経常）にはならないであろうし、最終損益（特別勘定後の）は引き続き困難を迎える可能性が大きい。

全体総括

福島第一原発事故としては、原子炉・事故現場の片づけ・整理、核デブリ（メルトダウン）・汚染ガレキの撤去、そしてそれらの最終処理・管理――これについては通常の原発の核汚染の最終処理の難しさ以上の困難さが、（三〇～）三五年の期間（歳月）を要する企業の存続をかけた難事として迫ってきている。国の事業としての性格よりスタートしたものとして、国、すなわち原子力損害賠償支援機構からの全面的支援を受けつつ、東京電力は責任を伴って発電事業を続ける役割をもつともいえよう。また、燃料集合体三、一〇八本、建屋地下汚染水七万六、五〇〇トンがあり、その難しい処理をも抱えている。**高レベル放射性廃棄物の最終処分は、**第四章で述べているように、**大事故を起こしていない原発よりのものも含めて大きな難題である。**

東京電力の原発事故の経営的処理としては、電力料金の設定が経営的には有利に設定されていて、かつ従来からの生産技術の積み上げがあり、ＬＮＧ価格の下落を受けつつ、特に汽（火）力部門のコスト対応力は優れている。経営結果は以上の通りで、過酷事故による経営的被害は甚大であるが、原子力損害賠償支援機構より支援を受けて再建を図りつつあるといえるが、その道は困難で大変遠い。割高な料金も、原子力損害賠償支援機構よりの多額の負担金も究極的には国民負担になっていることが忘れられてはならない。

「ウォッチ・アウト①」

双葉病院からの避難については、三月十一日午後九時二三分避難を開始、入院患者は三四〇人いたが、院長と約一三〇人の患者が残され、最終的に院内での死亡四名、搬送での死亡一五名のいたましい犠牲であった。そしてそれについての自治体の報道が大変批判的であったため、病院と県の間で訴訟が行われた。しかし県が名誉棄損を認めて謝罪し（二〇一五年十月二十三日）一件落着したが、これも原発大事故が引き起こした争訟であった。現場での避難・誘導の指示が、普段であれば、消防も警察も自衛隊も自治体も適格・整然と行うにも関わらず、東京電力の事故が原発事故であったため混乱が生じたもので、原発事故の過酷さは想像を絶するものであるのであろう。

「ウォッチ・アウト②」

東京電力の大事故についての当時の調査報告は、第一章で述べたように、有識者による民間調査報告では、「原子力ムラによる安全神話」、そして国会調査報告では「政・官・業の凭れあいの中での人災」と結論づけている点で特筆すべきであるが、本年（二〇一六年）行われた「福島第一原子力発電所事故に係る通報・報告に関する第三者検証委員会」が、調査の結果を発表している。田中康久弁護士を委員長とし、マムシの善三（佐々木）氏らによって構成された調査チームにより、近時行われた調査結果でわかったことは、「炉心溶融――メルトダウン」の用語を使わないよう東京電力内でトップダウンによる指示があって、その使用は東京電力社内で差し控えられていた。そして1号機の水素爆発以降一部の通報の妥当性に問題があり、原子炉付近の放射線量が異常に高く、その通報が望ましかった――「炉心溶融――メルトダウン」の用語を使うべきであったことを示している。このような情報の隠蔽的体質が、当時の住民の避難をミスリードした可能性、そして米国軍人による「トモダチ作戦」における被曝につながった可能性を生んだかも知れない。これら体質・体制の改革がすべて今後活かされなければならないはずであろう。

第六章

原発コスト、廃棄処理費などバックエンド費用

(1)日本の原子力発電のコストを吟味してみよう

◎原子力発電の総コストは高いはずである

（なお、本章では、福島第一原発の大事故のコストを含まない通常の稼働の場合である）。経済性追求のみの事業経営、その背後にある政府の原発事業推進のスタンスを後押ししている「原発は安い」の風評は問題であろう。本章で述べるように、原子力発電がコスト的に有利であるとはいえないのである。

原子力委員会の原発コストの数字も上方に修正されていた

二〇一一年十二月十三日になって、政府「エネルギー・環境会議」は再び次のような修正を発表した。

八・九円／キロワット時——「最低でも」の但し書き付である。（（ほんの一部の）バックエンドコストは考慮したとの説明あり）（2011.12.14 読売新聞）。一部の立地対策などの補助金、燃料費の上昇などを追加するとともに稼働率を八〇パーセントから七〇パーセントに落とし

原価 × **報酬率 ＝ 利益（報酬）**

燃料費－調整制度 修繕費 減価償却費 人件費（生産・全般） 営業費等 研究開発費	＋	核燃料資産 運転資産類 電気事業固定資産類 一部のバックエント費用 －再処理費等 公租公課（電源開発促進税等） 事業税

て計算しているものであるという。

従来の（二〇〇四年算出）五・三円の約五割（強）アップとしている。しかし情報として不足な点が多くある。なお、この修正と同時に発表した他の発電方法のコストも、従来（二〇〇四年算出）よりアップしており、その根拠は不明である。

売価の設定方法が問題
——原発のコストは既存の発電方式として高い

料金設定の仕組みが問題である——それは「総括原価方式」とも呼ばれている。

すなわち、売価（電力料金——原発）の設定は、レートベースともいいうる。すなわち（営業費用＋資産配付額など）×報酬率であり、この報酬率が電力会社には有利である。そして特に、大口需要家には関係省庁の認可が不要などがある。

原子力発電は初期投資の固定資産額が大きく、また燃料調整制度もあり、この計算式では利益を出しやすく投資の対象にしやすい。これが電力会社にとって原発を希望する一因である。報酬率は原則三パーセントであるが、電力料金設定にあたって変わる。

この「レートベース」料金設定方式により、日本は世界でも電気料金の最も高い国の一つとなっている。この方式により投資規模（例、原発設備）を拡大することが、事業のニーズに合致する。

そして、利用者への料金は、発電原価（工場原価）＋研開・営業・販管＋固定資産等＋送変・配電費＋利益で決定される。レートベースを原則としていて、発電会社に有利に設定される（有価証券報告書でも明らか）。

例えば、電力料金の事例――二人家族、二〇一六年十二月

電力使用量一六〇キロワット時――四、一〇〇円：二五・六円／キロワット時、

そして前記の発電原価は次ページの一〇・六八円にあたる。

原発の実績に基づく積み上げ値（総コストベース）

「エネルギー・環境会議」の八・九円／キロワット時の値の確かさ（バックエンドの内容・

表-1 ベースとしての発電コスト（原子力には一部のバックエンドの費用込み）

	原子力	火力	水力	原子力＋揚水
総単価（総原価）（円／kWh）	10.68	9.90	7.26	12.23

範囲）については、情報開示が充分に行われていなく、不分明な点が多く、従って原発のコストを正しく計算するベースとしては不適である。一方、筆者が有価証券報告書で数値を計算すると、表１の数値（立命館大学大島堅一教授の）に大変近く、この値は信頼性が高いと考えられるので、この数値をベース（スタート）として、バックエンドの（追加）補正を行うこととする。

すなわち、ベースとしての発電コストは次の通りである。これはある条件の基で（ある部分のバックエンド—基礎的—費用込み）、充分に信頼度のある数字である。

これは過去の実績（一九七〇～二〇〇七年）をベースにしての総原価にも近い（有価証券報告書よりの現実の数字）。原発での時間をかける慎重な検査を伴う操業率の低下のファクターも当然に起因している（以下に、欠落している一部のバックエンドの費用が正しく加算される計算をする）。

(2)原発誘致コスト

——自治体に対する補助金、交付金などと、バックエンドコスト——稼働に伴い、あるいは後に発生処理する一部の費用

いずれも本来基本のコストに追加すべき重要なコストである。

まず、複雑な計算方式が含まれている原価・コストを正しく理解していただくために、コスト計算の仕組みを式で示すと次のようになる。

一〇・六八（発電コスト＋誘致コスト＋基礎（一部の）バックエンドコスト）＝総コスト

しかし特に重要なのは、基礎バックエンドコストには欠落（不足）があり、不十分な部分を充分に修正する必要がある。

既存の数値（資源エネルギー庁）は、繰り返し上方修正されているが、ここでは信頼度の高い数値として、発電コストとして、前記の原子力一〇・六八円／キロワット時、このコストを、正しいバックエンドコストなど込みの適正価格の算定のスタート（ベース）とする。

まず、自治体に対する補助金、交付金など、追加すべきものとして、一九七〇～二〇〇七年の有価証券報告書の数値をデータとすると、八・六四円／キロワット時がベースとして、

財政支出・技術開発費＋一・六四円／キロワット時

立地対策費＋〇・四一円／キロワット時

合計二・〇五円／キロワット時

以上合計＝一〇・六八円／キロワット時

（次の基礎的バックエンド費用も算入済。ただし、次元の異なる東京電力の大事故処理費は含まれていない。また参考までに、「エネルギー・環境会議」値八・九円／キロワット時＋二・〇五円／キロワット時＝一〇・九五円／キロワット時となり、これは この一〇・六八円／キロワット時よりも高くなる）。

表-2 政府試算のバックエンドコスト

項　目	金　額	備　考
再処理（六ヶ所村）	11兆円	（再処理外計 7兆7,800億円）
返還高レベル放射性廃棄物管理	3,000億円	
高レベル放射性廃棄物輸送	1,900億円	
高レベル放射性廃棄物処分	2兆5,500億円	（高レベル関連計 3兆400億円）
返還低レベル放射性廃棄物管理	5,700億円	
TRU放射性廃棄物処分	8,100億円	
使用済燃料輸送	9,200億円	
使用済燃料中間貯蔵	1兆100億円	
MOX燃料加工	1兆1,900億円	
ウラン濃縮工場バックエンド	2,400億円	（その他残合計 4兆7,400億円）
合計	18兆7,800億円	

これに含まれているバックエンドコスト（総合資源エネルギー調査会による資料をベースにして、「基礎的バックエンド費用」での不足分を、補正加算する）。部分的に想定した次ページの（基礎的）バックエンドコストは含まれている、これは電気事業連合会も利用している数値である（表2）。

膨大な量の核汚染廃棄物がすでに存在しており、政府発表のコスト計算値からは、この項目の多くが不十分である。⑶以下で分析する。
これらのバックエンドコストを電力会社は適正に「引当金」などにより会計処理すべきであるが、その相当部分が充分に処理されていないことも、また問題である。

⑶適正なバックエンドコスト

このバックエンドコストが、額・費目のうえで、問題（少なめ）であり、加算・修正の必要がある。バックエンドコストを正しく加算した正しいコスト、つまり表2に追加すべきコスト（バックエンド）を、検討して次に示したい。

バックエンドコストの中で不充分と考えられる費目を吟味すると、さらに追加が必要。

――再処理費（一一兆円）―四〇年のコストが算入されている（六ヶ所村など）。工場稼働率一〇〇％（⑵基礎データーの値）は、現実レベル六五パーセント前後に修正の必要あり、MOX燃料の再処理費も入れるべき（⑵基礎データーに欠落）。他に、再処理に伴う関連諸費用（基礎データーで不十分）を入れる。

すなわち、追加＋一兆五、〇〇〇億円。

――高レベル放射性廃棄物処分（二兆五、五〇〇億円）――ガラス固化体の計算は甘い（一体三、五三〇万円は少なすぎ、その三倍は必要）、輸送・保管を含め、他に用地選定、関連設備――構築・建設費など、周辺対策費――MOX燃料――高レベル――廃棄費用）（それぞれ四、〇〇〇億円、一兆五、〇〇〇億円、七、〇〇〇億円、――関連した廃棄の例より推定しつつ不充分の補正など）を入れる。

――すなわち、追加＋二兆六、〇〇〇億円（特に高レベル放射性の廃棄費用が多くなる、表中の三兆四〇〇億円を加えれば、合計五兆六、四〇〇億円）。

――その他（TRU廃棄物処理、低レベル廃棄物処理――他に用地選択費・周辺対策費、原子炉解体費関連、そして使用済燃料中間貯蔵MOX燃料加工など）、またさらなる追加諸費用も加味する。――原子炉解体費用が通常計上されていないのは、著しい問題（一例：三〇基（実働予定二〇基を五〇基より引いて）×五〇〇億円＝一兆五、〇〇〇億円～五〇基×三〇〇億円＝一兆五、〇〇〇億円、――その他項目の比率は経営計画作りの通例のプラクティスより三パーセント、一八兆七、八〇〇億円×三パーセント＝五、六三〇億円（＃

五、○○○億円）があるが、

控え目に、追加＋一兆五、〇〇〇億円。

――追加安全対策費（現在○――新規追加のため）

すなわち、追加＋二兆四、〇〇〇億円（二〇一五年七月に上方修正）、――経営判断は低めに抑えるモーメントが働くことを考慮。これはリスク（危険性）は残るが安全性が増すとの設定である。

――以上合計＝一兆五、○○○億円＋二兆六、○○○億円＋一兆五、○○○億円＋二兆四、○○○億円＝八兆円

つまり八兆円――欠落しているので追加の要がある。

前記試算値、一八兆八、○○○億円を合算して、バックエンド総コストは二六兆八、○○○億円（なお、参考までに、原水協でも廃炉費用合計三〇兆円の計算値を発表している）。

現実は多くの要素がコスト計算より外されているので、これらの追加バックエンドコストの額を加えて、本来の発電コスト＝原発コスト（負の資産の積み残しをしない場合のコスト）

を求るのである。また会計処理上も引当金などで適正な計上・処理が必要なのであり、ここでは推定を入れて計算を進めて、合計値も出している。

さて、単価を出すための計算として、二〇一〇年までの原発の発電量二、七〇〇億キロワット時／年を、国の通常の年間の原発の発電量とみなす。しかし今後は再稼働基数は半減以下となり（二〇基前後）、かつ他の関連要素を考慮して（稼働率七五パーセントを考慮）、年発電量はその半減の、下記のように一、三五〇億キロワット時／年とする。また稼働機基が年期限とともにリプレースされるものして、追加バックエンドコストは前記の通りの必要額八兆円であるから、従って単位当たりの必要追加バックエンドコストの単価は次の通りだ。

八兆円÷一、三五〇億キロワット時＝五九・二六円／キロワット時

四〇年償却として、五九・二六円／キロワット時÷四〇年＝一・四八円／キロワット時

（著者として原発再稼働に前向きであるということではないが、コスト計算を適正にするとの視点で）。

(4) 修正後（誘致コスト・総バックエンドコスト込み）の適正な合計の原発コスト

◎一〇・六八（基礎的バックエンドコスト・誘致コストのみ算入）＋一・四八（要追加コスト）
＝ 一二・一六円／キロワット時

すなわち、一二・一六円／キロワット時が、バックエンドコストを適正に（少なめではなく）算入した原発の単価であり、原発のコストは相当に高い（しかし、これも東京電力の大事故発生のようなコストは算入していない、通常の場合の原発コストである）。

原発には、これほど多額のバックエンドコストがかかるのである（後の世代への借金になりかねない）。引当金などとして計上処理されてない部分は会計処理方法としても不適正である。

レートベースによる総括原価方式で、なおかつバックエンド費用の不算入での、料金設定、そしてさらに適正額の繰延費用計上の欠落、これらのすべてが国民負担（現在、将来）となっているのである（また、ここからは外してあるが、東電過酷事故の大費用もすべて国民負担である)。

何故電力会社は原子力発電を再稼働したがるのか?

その理由の一つは、このように電力料金設定のベースは総括原価法であり、投資アップが総括原価アップにつながり、それをスタートとして、有利に最終的な電力料金を決められること。

もう一つの理由は、現実の経営の技法として、原発は変動費が小さく(バックエンド費用などの固定費は前述のように多くは計上されておらず)、限界利益率が大きいことであり、このことは稼働を増やすことが鋭角的に収益アップにつながるからなのである(これは経営者の秘めたる期待なのであろう)。

(5)このコスト計算の補足説明

——原発誘致コストとバックエンドコスト

発電コストと電力料金の関係の問題は？　また費用の計上は不十分なのでは、など？

①発電コストについては、「原発は安い」との説明が所管省、電力会社により行われている。所管省（政府）の政策の下に、そして多くの人々が適切な情報のないまま、高い電気料金に疑問をはさめないでいる。

②一方、電力料金の設定は、総括原価方式をベースでのレートベースで、大事業との間では自由に設定できることも含めて、電力会社に有利に設定できるのである。

①のコストは低いとＰＲされながらも、この②の料金は世界でも大変高い国である、との大きな違いがあることを、われわれはまずはじめに認識する必要がある。

③前記(2)、(3)のコスト計算では、原発誘致コストと、バックエンドコストが現に存在しているものとして、仕組みとしては、それ以外の通常のコストをまず把握したうえで、それらの不足分のコストを加える計算フローをとっている。しかし、現実の計算においては、(2)の補正修正をすれば使いうる信頼度のある総合資源エネルギー調査会による資料をベースにして、「基礎的バックエンド費用」での不足分を、補正加算する方式をとったのであり、またそれに先立って、(2)の自治体に対する補助金、交付金などについてもコストに算入しているのである。

④**そして大事故の場合の大費用はケースバイケースでその適正な計算はほとんど不可能で、かつ発生確率は行われる場合もほとんど机上の空論であるから、ここでの計算では敢えてそれをまったく外している**（政府はまったく安全であると、通常、保証的に発表している?・）。そして補足的に、現実の大費用が計算・把握できる時に（例：東京電力のケース）、その現実の大費用・コストをより正確に算定して、**現実の大きなインパクトを大きな問題として認識することが必要なのである。**

⑤会計処理上では、このバックエントコスト⑵、⑶の一部は、引当金計上されているが、廃棄処理（最終）費用は計上されていない（大きな金額となろうから、これは大きな問題である）。

⑥計上されているバックエントコストは（東京電力の場合──大事故コストと関係なく）──電源開発促進税、使用済燃料再処理費など、（なお、別に大事故絡みでは、原賠・廃炉など支援機構負担金あり）、──東京電力は特別支出で会計処理。

その他の関連説明

①核燃料サイクル取り止めの場合は、基礎的バックエント費用で計上していない費用支出

の発生があり（例えば、もんじゅ関連の廃止に関わる費用）、計上されていない部分は、それのコスト計算への算入が必要となる。

②福島第一原発の事故に関わる費用（コスト）は大変大きい。算出して検証する必要性は大きい。

③火力・水力発電などには、すべてのバックエンド費用などは本来まったく算入不要。

――それらは関係のない数値である。

④⑵、⑶の値の他の報告例による比較。

・前出の大島堅一教授の原子力コスト試算値も九・四～一一・六円／キロワット時（2014.9.19朝日新聞）。この報告書の上記計算値に大変近い。

・東北電力、北陸電力の原発の発電単価が（一〇～）二〇円／キロワット時（設備利用率四〇パーセントにて）との高いコストも報告されているのである。

(6) 原発未稼働状態での電力会社の収益性

（すでに稼働・再開決定――六～一〇基）

電力会社の収益性は決して低くなく、相当に回復している。

二〇一六年三月（二〇一五年四月～二〇一六年三月）経常は決算発表値、経常ベースでは一〇社全社が黒字化している。

すなわちこの間に電力会社全般に収益の回復が続いている。すなわち、原発の稼働がなくても収益改善・黒字化が進んでいる。

東京電力については第五章で述べている通りである。集約的にいえば、汽（火）力の効率アップ（LNGへの切り換えの促進を含み）で、経常収益的には改善しつつあり、二〇一四年三月以降黒字基調で、損害賠償などの大事故に伴う費用発生は、特別収支の勘定で、原子力損害賠償支援機構による交付金・支援で対応しつつある。現実は大変厳しいのである。

原発の一層の再稼働を進めるために、火力発電による燃料費アップを口実としている。しかしそれ以上に問題となっている収益悪化の要因は、東京電力の場合は、原発大事故による

2015年、2016年３月期の電力会社収益

	中部電力			関西電力		
	営利	経利	純利	営利	経利	純利
2011.3	174	146	85	274	288	123
2014.3	▽61	▽93	▽62	▽71	▽111	▽97
2015.3	107	60	38	▽78	▽113	▽148
2016.3	285	256	170	257	242	141

	中国電力			北陸電力		
	営利	経利	純利	営利	経利	純利
2011.3	48	24	1.7	50	36	19
2014.3	8.9	3.6	▽9.4	20	9	2.5
2015.3	71	59	34	40	22	9
2016.3	51	39	27	38	28	13

	東北電力			四国電力		
	営利	経利	純利	営利	経利	純利
2011.3	114	80	▽33	60	47	24
2014.3	86	39	34	2.7	▽1.7	▽3.2
2015.3	169	116	76	29	▽25	10
2016.3	189	153	97	25	22	11

	九州電力			北海道電力		
	営利	経利	純利	営利	経利	純利
2011.3	99	67	29	43	29	12
2014.3	▽96	▽131	▽96	▽80	▽95	▽63
2015.3	▽43	▽73	▽114	5	▽9	3
2016.3	120	91	73	43	28	21

	沖縄電力			東京電力		
	営利	経利	純利	営利	経利	純利
2011.3	14	11	8	399	317	▽ 1247
2012.3				▽ 272	▽ 400	▽ 781
2013.3				▽ 221	▽ 236	▽ 685
2014.3	8.6	6.9	4.7	191	101	438
2015.3	9.5	7.6	4.9	316	208	452
2016.3	7	5	3.6	372	326	142

単位：10 億円
2016.3 経常は決算発表数値

福島第一原発の操業中止に伴う多額の固定費の吸収・配付が難しいためであるが、それに蓋をして、東京電力のケースを濫用して、燃料アップをこの際スケープゴート化して、原発稼働再開を一層積極化している。

各社とも火力発電による発電を増やすのであるから、火力のための燃料費が増えるのは当然である。しかし普通の原発の場合でも(4)で記述しているように、原発とは、経営技法的には変動費率が小さく限界利益率が大きいのであり、このことは稼働を増やすことが収益アップにつながるので、電力会社は原発の再稼働にはやるのである。政治もマスメディアにもこのような事実としての事業経営の実態を正しく認識してもらいたいものである。現実は前掲の表が示すように収益性は回復しているのである。

しかし、(1)で述べた「レートベース」による料金設定、かつ地域独占のため、電力料金は高く設定されるので、電力会社の収益性は安定的に高目であり、原発の稼働中止にも関わらず汽（火）力発電などを活かしながらの事業経営の成果が出ており、特に二〇一五年三月、特に二〇一六年三月期は政府の政策としてもインフレ経済に入っているため、電力会社の収益は相当に改善しているのは表の通りである。

電力会社は、過去数十年の経緯より設備投資を大きく行い、前記のレートベースの総括原価方式を利用しての原子力発電で収益を確保する事業構造となってきていた。そのため、電力会社としては既存の投資（原発発電設備、関連インフラ類）を活かしてその一層の回収を図りたいのであり、また原発機械設備メーカーも同様にその機械類の製造のための投資の回収を図りたいはずであり、業界、財界をあげてさらなる原発再稼働の政府への直接・間接の働きかけを行っている。

これまで電力会社は地域独占型であることがこのような「レートベース」による値決めを可能にしているのである。この際自己発電を一層活発にするためにも送電・変電・配電を自由化して電力事業を自由競争下に置くことが望まれる（二〇一六年四月よりの電力販売の自由化が風穴を開けられるかどうか）。

しかし原発は上記に述べたようにコスト的に、決して有利であるわけではなく（原油価格

原発と火力発電の建設、廃炉に至る経済性

	原子力	火力
発電量	120万kW	135万kW
建設費	4200億円	1620億円
廃炉期間	20～30年	1～2年
廃止費用	550億～830億円 さらに増える可能性あり	Max30億円

●経営者の心情
・原発の高い建設後の残存簿価を早く償却したい
・経営している期間は長年月を要する廃炉を避けたい
・同様に経営期間は大きな額の廃止費用の発生を避けたい

ＷＴＩは約五〇ドル／バレル強、ピーク時の半値以下）に下落（その後はその値をほぼ上下）していて（また、定常的に緩やかな円高である）、経営的には収益性は回復している。かつ環境汚染は核廃棄物の大量発生で（今回の大事故を別としても）平時でも甚だ大量なのである。そして国民の世論は無論原発稼働に反対的であるが、それ（国民世論の反対）がなくても、この際脱原発に舵をきるのが正しい判断であるのではなかろうか。

最後に、事業経営者はなぜ原発の再稼働にはやるのか――経営の実体験に基づき――経済性から見た原発と火力発電の基本を比較してみよう。

これ以外に事故が起きれば損害賠償費がかさむ。したがって新設については追加の安全対策費も加わり、原発の真のコストは高くなるので、既存の設備での償

再生可能エネルギーの将来コストの参考値

	風力ー陸上	風力ー海上	バイオマス	太陽光
2008	9	12～10	13～6	76～36
2030	7	9～8	11～4	30～13
	太陽熱	地熱	波力・潮力	水力
2008	37～13	8	20	10～5
2030	22～7	7	11	10～4

単位：円／kWh

却・稼働を進めることに力点を置く経営姿勢となるのであろう。

「ウォッチ・アウト①」

米エネルギー情報局の発表によっても一、〇〇〇キロワット時の発電コストが、新型原発が一一九・〇ドル、そして、新型石炭火力発電が一一〇・五ドル、新型コンバインドサイクル天然ガス発電が七九・三ドルとなっており、これは原発のコストは高いとの筆者の理解を裏付けるものであろう。

「ウォッチ・アウト②」

再生可能エネルギーの将来コストは上表の通り安くなり、充分な競争力が予見される。

太陽光以外のコストは安いものが多い。特に、現在は高くても、将来的には一〇円未満が多く、再生可能エネルギーに対して大きく期待できる要因である。

「ウォッチ・アウト③」

所管省の中でも、核燃料サイクルでの再処理事業について、かつて「一九兆円の費用・支出のむだ」との警告が、若手により省内で回されていたことを耳にしている。すなわち、再生処理事業には一九兆円（あるいはそれ以上）の巨額の費用が発生する。高速増殖炉が成功していない状態では核燃料資源の節約効果はない。すでに余剰な危険性の高いプルトニウムが発生しているなど、その問題点を指摘していたのだ。このような正鵠をえた、若くて有能な人々もいたのだが、省を代表する見解にはならなかったのが大変残念である。これを考える時、筆者にも同省でしっかりとした役職と使命を担っていたが力不足であった何人かの同窓の学友がいたことが思い出される。

第七章

まとめの前に――原発の再稼働・脱原発は?

(1) 再稼働がスタートしたが、原発は本当は必要ないのでは？

◎原発の稼働のなかった時にも日本では電力が足りていたのでは？

電力の需給は、二〇一一年（東電大事故の年）――一、一〇八ギガワット時――で、近年では二〇〇五年一、一五九ギガワット時をピークに逓減している。二〇〇九年（リーマンブラザース破綻の翌年）一、一一三ギガワット時であり、節電計画が適用されなくても不足していない。二〇一一年の夏（八月）、電力不足が叫ばれていた時、全国で出力一五二・八メガワットの実需にも関わらず、一六七・四メガワットを想定して、一四・六メガワット（八・七パーセント）の過剰となっていたのである（電力会社分）。そして傾向値からいえることは、電力使用量がすでに頭打ちになっていることである。その想定のうえで、原発のあり方を含むエネルギー問題のあり方を考えることが必要であろう。そして人口についても、二〇一五年は一億二、六五九万七、〇〇〇人、五〇年後の二〇六五年は八、一三五万五、〇〇〇人（国立社会保障・

人口問題研究所、総務省統計局）。このように人口減、したがって電力需要の伸び悩みの予想も長期に続くであろう。

電力需給については――二〇一二年の発電設備と発電電力量（日本）――

全国での原発反対の動き

発電設備――

二億八、七三三万キロワット

①ＬＮＧ

②石油

③石炭

〇・二一パーセント――五七万キロワットが再生可能エネルギー（現実の発電量は、点検などの運転停止、必要量の運転などのため、通常は計算以下である）

発電電力量――

一兆九三九億キロワット時

①LNG
②石炭
③石油
一・二パーセント――一三一億キロワット時が再生可能エネルギー（ダム式大型水力を外して）
原発の稼働中止のため、現実は電力のほとんどが化石燃料でまかなわれており、調達のしやすさ、購入コストの比較感、生産性効率などより、その中では、天然ガス使用が急上昇しており、石油は漸減しつつある。石炭火力発電では、効率化への切り換えが進みつつある。今後は再生可能（新）エネルギーの増加が、地球資源の有効利用（再生可能）、温暖化対策として強く望まれる。

温暖化・環境対応としての国の進めるエネルギーについての今後の方向性　――現在に至る政府の方針（二〇一四年二月）

◎温暖化絡みのエネルギーのあり方論
原発については、基本的に建て替え中心、新・増設をせず、大事故後の当初、四〇年超え

温暖化絡みのエネルギーのあり方論

	原子力	再生可能エネルギー
2013	0	11% （従来からのダム式水力を含む）
2030	20 ～ 22%（20%±）	20%前半（25%） （ダム式水力の増加なしで）

については原子力規制委員会の例外的審査のうえ、複数基動かすとの想定である。しかしこれは所管省ベースのプラン（原発稼働拡大寄り）であり、それに対して環境省試算では、再生可能エネルギー（二四～）三五パーセントであるので、これより逆算すると原子力発電は一〇（～一五パーセント）との数値も計算できる。

なお、再生可能エネルギーとしては、日本の政策は、この前提としてやや太陽光に偏っている傾向があるが、海流、潮波、地熱などを含めて広く対応すべきであろう。

また、二〇三〇年の再生可能エネルギーは現状の四倍で、太陽光と風力の導入によるだけでも年間一〇兆円の経済効果と四〇万人の雇用が生まれると報告されている。

エネルギー基本計画が二〇一四年二月に閣議決定しているが、その中で一般水力、原子力、石炭を「ベースロード電源」と位置付けている。そして原子力は原子力規制委員会の規制基準に適合した原発の再稼働を進める。また地球温暖化に関する国際的議論の状況も踏まえて、エネルギーミックスの政策を履行するが、原発の再稼働を含むものとする。
もちろん、二〇一三年七月に制定・施行された原子力規制委員会の新規制基準では、充分な防潮堤、フィルター付きベント、二つの外部電源、非常用電源などを備えている、水素爆発対策を備えていることなどを条件としている。その結果五一基（建設中を含む）の中一五原発、二五基が、すでに新基準への申請をしている（2015.7.8 朝日新聞）。

田中俊一委員長——絶対に安全と言っているのではない、「新基準に合格している」のだ。

それを委員会のお墨付きとして、「世界一安全」として、再稼働がスタートした。しかし現実に直近のみでも、原発の技術トラブルの卑近な事例が出てきた。

・川内原発——再稼働直後に、冷却系に海水混入（二〇一五年八月）。

・高浜原発——再稼働を当月中に控えた4号機で原子炉補助建屋で「ボルトの緩み、また続いて原因不明の汚染水漏れ」があり起動試験を延期（二〇一六年二月）、発電と送電を始めた直後の緊急停止。

これでも技術的にお墨付きと言い得るのかと疑問をはさむ者は少なからずいる。

また、原子力規制委員会が合格の許可を出す時に、避難計画の不準備は大きな問題である。

原子力規制委員会としては、避難計画は所管外としてる。二〇一六年三月十一日に財政支援をしつつも、自治体の広い裁量を明確化する方針を発表。

――しかし自治体は、原子力による災害・被曝の専門的な情報不足であり、専門性・関連知識などのノウハウは政府が厚く所有しており、各地域の固有性は自治体よりの供給とすべきではあるが、政府が総括責任をとるシステムにするべきではないか。

――原発災害（もし起きたら）は周囲の他の自治体を含めて、日本全国の問題でもあるのである。現実の例として、二〇一六年一、二月に再稼働した高浜原発では、「広域」に指定されている四府県五六市町の中、計画策定は何と七市のみで、一割の低さである。そして――、ＮＲＣ（米原子力規制委員会）は避難計画を原発稼働の前提条件としているが（2015.11.8朝日新聞）日本はそれを見送ったままであるのは、いかがなものかと思っている。

なお、二〇一四年の政府の再稼働への変更政策で、四〇年経過のものも、原子力規制委員会設定の新条件が充たされれば、一度だけ最長二〇年以内で延長を認めている事項（合計六〇年以内）を考慮、またすでに建設に着手しているものの稼働を、いずれ承認するとの推定である。二〇一六年二月に至って、高浜1、2号機の延長の申請を、原子力規制委員会は承認。

なお、電力会社の経営も、第六章で述べたように、原発がなくても二〇一五年、二〇一六年三月期の実績の改善より見える――原発なくしても、原油価格の下落（ピーク時の約三〇パーセントダウン――ＷＴＩは五〇パーセントダウン）とＬＮＧ化、電気料金の値上げ、本来の事業力などで収益性は改善。特に（東京電力）、中部電力、東北電力の改善は顕著、また関西電力、九州電力も赤字脱出。

(2)原発の基本的問題

――原子力発電の稼働には次のような難題がある（通常稼働でも）

すでに蓄積している高レベル放射性廃棄物の量は、第四章で述べたように二万七、四〇〇本あまりあり、脱原発により一時的には上限量の調整が必要であるが、原発再稼働により、この量は究極的には一層増加する。この核廃棄物は地球環境・社会の持続性（サステナビリティ）を著しく損なうのである。二〇二〇年に四万本になろうともいわれている。

◎核廃棄物の最終処理・廃棄の難題

大事故現場より出てくる放射性廃棄物に限らず、通常の原発稼働に伴って発生する高レベル・高濃度放射性廃棄物の処理・処分の方法が決まっていないのは、大変大きい問題である。

これについて日本学術会議は、二〇一二年九月、高レベル放射性廃棄物の暫定保管と総量管理の二つを柱に政策枠組を再構築することが不可欠であるという提案をするに至っている。その根拠は、高レベル放射性廃棄物の超長期（一〇万年）にわたる安全性と危険性の問題の対処については、現在の科学的知見の限界を超えているので、高レベル放射性廃棄物の処分は、暫定保管（Temporal safe storage）として（最終処分ではなく長期貯蔵で）、そしてその後、完全な処分・廃棄の方法の抜本的研究・開発をする、との政策枠組を構築すべきであるとの提言である。そして日本学術会議は、再び二〇一五年四月二十八日に、高レベル放射性廃棄物の処置・処理のための暫定保管の提言を「フォローアップ検討委員会」で行っている。すなわち、暫定保管という方式は、真に適正な対処方策確立のため、モラトリアム（猶予）期間を確保することにその特徴があり、五〇年間、地上で監視可能な状態にして管理しつつ、処分・減量の技術開発を進める方式である。

なお、低汚染度廃棄物の処理の場所の選定・確保も問題となっているのは第二章で述べている通りである。

地震大国での大事故の可能性は完全に否定できないのでは？

日本は地震・津波大国である。日本の領域を中心として大地震の元凶のプレートは、太平洋の東・西、フィリピン東域、そしてユーラシアプレートである。そこではプレート境界地震──プレートの沈み込みとその跳ね返りで発生する大きな地震がある。そして首都直下地震、それとともにトラフ（海底の活発な窪地）型の地震・津波──南海トラフ、東南海トラフ、東海トラフ──があり、さらにそれ以外に活断層型──阪神淡路大地震・一九九五年──があり、大地震発生の素地にこと欠かないのである。さらに日本海地震（最大二三メートルの津波）も、国が危険の想定を広げている。すなわち、日本での原子力発電には、これらの地震・津波による大災害が常に潜在しており、日本は原発には取り分け適さない国土なのである。

直近では、二〇一六年四月十四日前震、十六日に本震の熊本大地震はM七・三、震度七であり、六月十二日に至っても震度五弱の余震が続いたほどの厳しさであった。最大一、八五〇ガル（川内原発の基準六二〇ガル）で、鉄筋コンクリートづくりの宇土市役所もくずれる寸前になるほどの激しさであった。日奈久、布田川（活）断層帯に起因していて、幸い原発の立地地域ではなかったのでよかったが、日本全土には無数の（活）断層帯があり、このような規模の大きさ、激しさより、原発にとってはまったく予断を許さない卑近な大地震の例である。

国民・市民は再稼働に批判的である

アンケートを要約すれば、また、原発を今後どうするか？
「ただちに、または近い将来ゼロにする」が七四パーセント
「ゼロにはしない」が二二パーセント
すなわち、極めて脱原発指向の世論である。

(3)原発の直面している諸課題絡み
――核燃料サイクル――核燃料再処理（第四章の要約）

◎核燃料サイクルの総プロセス
　事業の核燃料再処理を含めて全体分野の総コストは、一八兆八、〇〇〇億円ともいわれる。
しかし、これはしばしばバックエンドコストとして利用される――（額に問題あるが）。

そして、プルトニウム燃料加工工場
――究極的狙いの高速増殖炉「もんじゅ」はまったく成功していない。
――高レベル放射性廃棄物が発生しているままである。
そして、再処理工場の建設
――再処理の稼働は見えていない。すなわち、二〇一六年五月に延期されたが稼働はなく、二〇一八年度までの完成の先延ばしプランとなっている。
そしてわが国は、すでに現在四七トンのプルトニウムを保有し「余剰プルトニウムをもたない」との国際公約に反している問題も同時に抱えている。

代替的に、次のように高速増殖炉「もんじゅ」も成功していないので
――MOX（Mixed Oxide）燃料加工工場の稼働も問題含み、そしてMOX燃料による発電も次の通りであり、問題はらみである。一六～一八基でのプルサーマル〝原子力発電〟の構想であったが、現在は、五～一〇年の間に（二〇二〇年頃）、――その半数ぐらいの実現との予測もある。原子力発電の稼働に伴い発生するプルトニウムを活かしての増殖炉が成功していないために行おうと構想しているMOX燃料を使用してのプルサーマル原子力発電も、

このように現在は実りの少ない皮算用となっている。

高速増殖炉「もんじゅ」――福井県敦賀市――日本原子力研究開発機構

二〇一五年十一月に、新しい内閣での「行政事業レビュー」で、高速増殖炉もんじゅも俎上に上っていた。第四章で述べているように一兆円を大きく超える費用支出をしていているが、まったく成功していない。

他の諸国――アメリカ、イギリス、ドイツなどでも構想を断念、また計画なし。すなわち、高速増殖炉については、必要となる技術水準の高さより、それを放棄する（先進）国が多い。

高速増殖炉には以上のような問題が多く、技術開発・確立ができなく、他国の開発・撤退を見る時、わが国としてもこれ以上の運転・開発を続けることに踏ん切りをつけて、撤退・中止すべきではなかろうか、そして核廃棄物の減容・減量の研究（可能性があれば核融合の基礎研究も）、程度を残すに留めるべきと考えられる。

(4) 福島第一原発大事故についてのいくつかの重要要素での問題

福島第一原発の廃炉処理では、二年（燃料取り出し）～五年（溶け落ち燃料取り出し）と遅れつつある。全作業の終了時を（二〇四一～）二〇五一年としている。4号機は水素爆発はしたが事故時運転停止していたため、これのみ燃料取り出しをほぼ完了。全体工程は今後（三〇～）四〇年の作業である。

これらの作業の危険、大きな費用負担が発生し続けるのである。

なお、廃炉の難題は、事故を起こしていない原発の通常運転後の廃炉にも必ずついてまわる問題である（福島第一原発ほどの困難さはないが）。

原発大事故に伴う汚染・内部被曝の問題は大きい

ここでは主に東京電力の汚染による問題を述べているが、汚染の問題は大事故が起きれば、原発には常に付きまとう問題である。

そして、被曝を受けていた結果の例として、弘前大学の調査（二〇一一年四月）で、浪江町在住の人と福島市への避難した人合計六五名の中五〇人からヨウ素を検出し、特に五名がＩＡＥＡ（国際原子力機関）のヨウ素剤服用基準の五〇ミリシーベルトを超えていた。特に子供の最高は四七ミリシーベルトであった。子供は細胞分裂がはやく進むので、放射能汚染の影響を受けやすい。これが被曝の一例であり、住民の心配が絶えないのである。

福島における内部被曝の追跡調査として第三章で述べたような、甲状腺調査（一八歳以下二七万人の超音波検査）の結果、約五〇パーセントにＡ２がみられた。一、八〇〇人にＢ１がみられ、精密検査のうえ、異常一一五人。

――甲状腺ガン・疑い七五人（良性一、疑い四一、甲状腺ガン三三）、三四人が手術を終え、三九人は手術を受ける見通し（二人は経過観察）、以上は第一次。第二次では、異常一一六人（二〇一六年中に結果は判明する）。ただし放射性ヨウ素は半減期が八日と短く被曝の状況、それによる影響も数年後まで当座はほとんど分からないが、当人・家族にとっては、大変気になる症状である。

――引き続いて第二回検査結果は二〇一六年末にまとまる見通しである。

そして、大事故の避難者が受けている内部被曝の恐れに対する現実の事例として、長引く避難生活より、身心の不調を訴える声は多く、離婚に至ってしまう例も少なくなく、そして帰還の希望をもっても現実には大きな困難が横たわっている。避難解除の出た地域でも、また線量が低下して帰還を考える場合にも、荒れ果てたすまいの整備をはじめとし、水道・ガス・電気・下水などのインフラとともに、他に生活手段としての食料品店、日用雑貨のショップ、病院・薬局、そして子弟と一緒の場合のための学校・公園が不充分な場合が多い。そして事業活動が極端に少ないため、帰還しても仕事がなく収入の道が閉ざされている場合が多く、また母子の他地域への避難により生活は二重となり家計は窮迫するのである。またケースによっては、子供世帯が避難している高齢の父母は取り残され家庭崩壊も進んでいる。そして安全を選んでの核汚染を避けるための自主避難者には、公的支援が少なく経済的な困窮者が多い。これが放射能汚染地域における実態である（第二章、第三章）。

「ウォッチ・アウト①」

原発対火力・ＬＮＧの効率・汚染性で、原発が劣位にあることが次の表で読みとれる。

すなわち、原発は温暖化の原因となる二酸化炭素の排出はないといわれる場合があるが、

各発電方式による効率の差異

	消費エネルギー	排熱量	合計	エネルギー効率（%）
原子力発電	100	233	333	30
火力発電	100	122	222	45
天然ガス（LNG）（コンバインドサイクル）	100	87	187	54

電気事業連合会資料よりの推定

発電の時点はともかく、現実に核燃料の精錬、濃縮、燃料棒加工などの工程で、二酸化炭素を大量に排出しているのである。また、それとともに大きな問題としての原発には汚染の問題がある。エネルギー効率も原発は低い。

既存燃料の中では、第一にＬＮＧ（コンバインドサイクル）が効率的に優れている。これはガスタービン発電と蒸気タービン発電を組み合せているもの、天然ガスは石油や石炭に比べて二酸化炭素（電力生産に占める比率としては二〇パーセントを超えているが）の排出量、硫黄酸化物、窒素酸化物の排出量も相対的に少なくクリーンである。

（石炭一〇〇として）

二酸化炭素排出量―石油八〇、天然ガス六〇の比率―

硫黄酸化物排出量―石油七〇、天然ガス〇

窒素酸化物排出量―石油七〇、天然ガス四〇

ＬＮＧコンバインドサイクルはすでに二二の発電所で採用し

ているが、それへの一層の指向を強めるべきであろう。なお、購入価格は、ほんの少し高いが、これは日本の契約が不利な条件（高い時の原油価格スライド型に留まっている）であるが、将来的には、液化不要な、サハリン、シベリアからのガスパイプラインも考えるべきであろう。オイルシェールガスは天然ガスの価格上昇の歯止めに有利なファクターであろう。

「ウォッチ・アウト②」

第二次大戦時（勃発時、大戦中）、日本は石油封鎖の戦略的政策をとられたことで、時の政府・軍部は誤った進路、政策・作戦をとったことが、日本人の民族の思想的トラウマとなり、その結果エネルギー不足をいつも警戒し過ぎているとすれば、はやくそれを乗り越えて、スマートで、賢い判断・認識をするようにならなければならない。あわせて考えるべきこととして、中国、インドなど中進国での原発建設を牽制するためにも、日本が率先して、原発の削減、廃炉をしないと、いずれ取り返しがつかなくなりかねない。

「ウォッチ・アウト③」

ドイツは、日本の東日本大震災の時点で、その悲惨さより賢い判断をして、脱原発に政策変更をした。ドイツのヘンドリクス環境相によると、当時の二一基の原発をすでに八基に減らしているという。「それでも余剰電力がある」と言い、ドイツの決断力の速さと実行力、判断の適正さに、日本も学ぶべきであろう。

「ウォッチ・アウト④」

グライフスバルト（在・旧東ドイツ）原発はソ連式加圧水型軽水炉であり五基（他に不稼働三基）あり、いずれも小型（四四万キロワット／基）で、また危険性が高いもので、東西ドイツ合併直後の一九九一年に廃炉決定し（運転開始は一九七三年）、一九九五年より二〇〇六年に使用済核燃料の取り出しを完了、二〇〇九年に圧力容器の廃棄を完了、二〇二八年に原子炉建屋などの取壊しを完了予定。経済性が低く特に危険性のある炉機であるために、廃炉の決定をし、廃炉作業を計画的に進めており、かつその地域（北海に面する）を風力発電を含む再生可能エネルギーの生産拠点にしつつあるのは、優れて計画的といえよう。また特に日本での東日本大震災を機に二〇二二年には原発を全廃する政策にふみきったのは大変戦略的で見事なものと感じるのは筆者のみではないであろう。そして廃炉技術は、世界における廃炉の進捗を見通し、ドイツ産業連盟は廃炉は成長産業であると構想している

（2016.6.5 日経新聞）ことは大いに学ぶ必要があるのではないかと感じる！

第八章

総まとめ——脱原発を目指すのが正しい選択肢であろう

(1)脱原発の場合の「あり方・進め方のベース」
——わが国の今後の原発は?

◎原発問題の総括としてのとらえ方

再稼働が進み始めている。しかし原発には問題が山積している。さらにわかりやすくいえば、大きな危険を伴う核廃棄物の最終的処理はできていない(専門的研究によっても)。原発の稼働には国民の大半が、疑問符を投げかけている。なお、核廃棄物の最終的処理ができない現状には与党議員の多くも疑念をもっているのである(そして脱原発を発言できない多くの与党の議員・大臣も現実にいる)。

再稼働を一気に止めるか?

しかし再稼働はすでに川内、高浜(二〇一六年一月、二月)ではじまっている(た)。次善の策として、再稼働を最小限に抑えるとの選択しかないのではないか。筆者の属する環境

一定の条件で算定できる原発の出力と発電量（筆者算定）

	出力（万 kW）	発電量（億 kWh）
一次出力	1286	1126.5
二次（最終）出力	1403	1229
合計（2030 年想定）	2689	2355.5

倫理分科会における検討――運転期間、定格出力、原子力規制委員会での評価を考慮しての推定――を引用すれば近未来における原発は、次の通りである（なお、二〇一六年三月九日 に大津地裁で高浜原発の操業停止の仮処分あり）。

四〇年超の稼働はないとの前提で一兆キロワット時（以下）×二〇～二二パーセント＝二、一〇〇億キロワット時 ――二〇一四年二月閣議決定ベースでの計算値。

その時再稼働を想定される原発は、九州電力――川内１、２号機（二〇一五年に既に稼働）、関西電力――高浜３、４号機（二〇一六年三月九日、大津地裁は稼働停止を決定）、大飯３、４号機・停止中、四国電力― 伊方３号機、九州電力――玄海３、４号機、北海道電力――泊１～３号機、東北電力――女川２、３号機。さらに今後、島根、志賀（以上、一次）。

なお、最終的には原発ゼロに収束する最善の（理想的）構想は、暫時棚上げ。

四〇年超は本来許可しない原則であり、それが骨抜きになりつつあり、原子力規制委員会が、高浜1、2号機の申請を二〇一六年四月に許可した。新基準における防火対策としての電気ケーブルの難燃化（一、〇〇〇キロメートル以上の長さ）を行ったことによるが、高浜1、2号機の許可への段取りとしては、今後基本方針の許可、詳しい設計の認可、運転延長の認可の三つを受ければよいわけで、原子炉をはじめとした機材、フランジの老朽化は大丈夫か、大きな疑問を感じるのである。

最も大きな問題は、解決しなければならない難題として、核廃棄物の処理が極めて重くのしかかっている（第四章、第七章の通り）。

前述の通り日本学術会議の提言を、最善のものとして受け止め検討すべきである。

廃炉技術の研究・開発の強化

先進国における廃炉の方向性は出ているが、いまだ完全な廃炉技術は確立していない。

その研究・開発の確立は重要であり、戦後史的背景から原子力（発電）で立ち遅れた日本の技術・開発力を、その分野（廃炉・核廃棄物処理）に発揮することは大変重要である。

(2)原発問題を考える上で重要な諸要素の正しい理解

――以上を集約して

①電力会社、また重機械会社など、また政府は、事業経営的視点、エネルギー政策などから、原発再開を図っている。なお、コストについては、有利であるとの電力事業、政府の判断はあるが、その計算にはバックエンドコストなどの適正・充分な額の算入がなく、原発は安くはない（第六章）、との反対の見解に根拠があろう（筆者の見解も同様）。

②電力は原発なしでも充分に供給できている。そして人口減が進み、電力需要も頭打ちである。

③にも関わらず、政府の二〇一四年二月エネルギー基本計画で、原発をベース電源とし、すでに川内、高浜原発が再稼働をしたが、それでよいのであろうか？（しかし大津地裁による稼働停止の仮処分により高浜原発は即日稼働停止）。

④二〇一一年の東日本大震災に見られるように、日本では地震・津波による大災害が常に内在しており、プレート型とともに、南海・東南海・東海トラフ、活断層などがあり、本来、日本は原発にはとりわけ適さない国土なのである。

そして大地震・大津波による原発の過酷事故は相当の可能性においてあり得るのである。大事故発生時の住民・環境に及ぼす災害・汚染は甚大で、想像を超える。

⑤そして、原発の排出する高レベル核汚染廃棄物については、処理方法、選定先などまったく手つかずの最悪の状態である（他国でもその完全処理に苦慮している国が多い）。――日本学術会議の高レベル放射性廃棄物の暫定保管と総量管理の二本柱の提言を活かすことがよい。

⑥高速増殖炉（もんじゅ）はまったく成功していないし、使用後ウラン燃料の再処理もまったく成功せず、高レベル放射性廃棄物が発生しているままである。すなわち、核燃料サイクルは成功していない。

⑦福島原発の事故の最終処理には、今後（三〇〜）四〇年を要する大事故・大問題である。

⑧このような状況下、国民の大多数は脱原発を願っている。通常原発の廃炉も三〇年近くの年月がかかる（浜岡原発の廃炉の検討試算の例よりも）。

⑨米高官――カントリーマン次官補（安全保障・核不拡散担当）が議会の公聴会で使用済核

燃料からプルトニウムを取り出して再利用する日本などの「核燃料サイクル」に経済的合理性がなく、撤退が望ましいとの見解を表明（2016.3.17 朝日新聞）（第七〜八章関連）。

また、ホルドレン米大統領補佐官（科学技術担当）は、現在日本が所有している「プルトニウムの備蓄がこれ以上増えないことが望ましい」と述べている。日本は現在国の内外に四七・八トンのプルトニウムの備蓄――原爆約一万発分に相当――があり、使用済核燃料の再処理がいまだ成功せず、また見通しも立っていない現在、このような発言となっている。

オバマ政権は、核テロ防止、核不拡散の観点からプルトニウムの保有量を最小化すべきとの立場をとっている（第七、八章）（2015.10.12 朝日新聞）。

⑩以上を集約して、国民の脱原発の願いも受け、福島第一原発の大事故処理・整理を行いつつ、あわせて原発（事故）廃炉の技術と、地球を汚染する難題となっている核廃棄物の最終処理の技術・開発を進めるのが、最善なのではなかろうか（産業化もなしえよう）。

(3)どんな「方策・仕組みの要素」があろうか？

（筆者の願う「あらまほしき」方向性――今後具体的には吟味の要あるも）

(1)で述べているように、稼働停止の方向性において下記のさまざまな事項をすること、

・エネルギー源として最早必要性がない。

・環境を汚染し、人々の生活を脅かす、――それ故、

・原発をベースロード電源とするとの二〇一四年二月の閣議決定を反故にする。

・特に、四〇年超の稼働をとりやめる（しない）。

・難題の核廃棄物の最終処分は日本学術会議の提言に則る。

すなわち、その方向で、次の案を履行する（これらの情報の確認も必要であるが）。

電源三法の廃止・改正

・**電源三法**といわれている電源開発促進税法、電源開発促進対策特別会計法、発電用施設周辺地域整備法の廃止・改正が必要、この一九七三年三月に成立した三法で、各家庭より

四四・五～三七・五（二〇〇七年）円／一〇〇キロワット時が料金に上乗せして徴収され、その額の相当部分が自治体への交付金となっているのである。また電源開発促進税は核燃料サイクル開発機構にも補助金として出資されているが、この電源三法の廃止・改正が必要。

・**原子力発電施設等立地地域の振興に関する特別措置法**（二〇一二年一二月）は、電源三法関連として、原子力の振興に焦点を合わせた法律で、原子力再稼働の推進を図って、二〇一五年六月に成立したが、二〇一五年十二月現在未施行であるが、この法律についても未施行のまま廃案が必要である。

・**脱原発の補助金の交付**――原発の操業・稼働のために毎年約一、二〇〇億円を原発周辺の自治体に交付してきていた。脱原発に対して、最低限それに見合う額の補助金の交付を行うこととする。――原発関連補助金――電源交付金＋寄附金＋固定資産税――総務省資料、すなわち、かつて産炭地域に対して雇用維持や産業振興のため、国が支援したように。

・次記の原子力基本法の廃棄・改正に伴い、次のように設定する。

――原発事業の基本方針（廃棄の方向で）、核廃棄物の管理・処理、放射線障害の防止など――、原発廃止・終息に見合うように改める。

電気事業法の廃止・改正

この制度における総括原価法は（第六章）、設備投資の大きな原発でも、電力会社に大変有利に電力料金を設定でき、かつ地域独占を許している。この廃止・改正が必要。二〇一六年四月よりの電力販売の自由化は、電力販売の地域独占に風穴を開ける方向となろうか。

・原子力損害賠償法（一九六一年六月）、の廃止・改正

通常の商業規模の原子力発電の場合、賠償措置額は一、二〇〇億円を限度としている（原賠法七条）が、損害賠償額の規模がこの賠償措置額を超える時、国が原子力事業者に必要な援助をすることを定めている。ただし原賠法三条但書では、「異常に巨大な天災地変または社会的動乱」については適用されないとされており、福島第一原発の大事故については、この適用でないとの方針のまま、原損賠機構を設置して、現実の支援を続けている（東京電力の事故責任を査定しつつも、現実は支援しつつある）。

——すなわち出資、賠償資金の供給などについて。

脱原発基本法の策定——原子力基本法（一九五五年十二月）の廃止・改正

脱原発のための基本法の策定が必要である。過去に、二〇一二年六月（衆議員）、二〇一三

年三月（参議院）議員立法として検討されたが、政権交代があり、実現しないまま現政府の再稼働方針で再稼働が動き始めている。

・有力な市民団体の脱原法制定全国ネットワークは、弁護士を主体として活動しているが、このような動きに期待しているが。

原発機械・設備の特別償却制度の設定

経営者にとっては、原発設備などに投資してある額（安全神話時代の投資の負担）を特別償却、によりライトオフできることは、経営指標改善となり、脱原発への誘い水となる。優良企業の経営陣にとっては、現実は内部留保金以上に経営指標が大切。例えば、経営負担が軽くなる（ROE、ROA、経常利益額増、資本回転率などの向上など）。

集約してすなわち、前述の諸方策を支柱として、次の廃止・改正・制定が必要であろう。

――委細については国会議員による立法化を待つが。

・原子力基本法（一九五五年十二月）の廃棄・改正

・電源三法の廃止・改正

・電気事業法の廃止・改正
・原子力発電施設等立地地域の振興に関する特別措置法（二〇一二年十二月）の再検討
・脱原発基本法の策定、――最終的に原発全廃にする
・放射性廃棄物の最終処分に関する法律の制定

(4) 追記として、繰り返し言及したいことは
――四〇年超の問題である

すなわち、四〇年超の原発再開――二〇一六年四月二十日に原子力規制委員会が、高浜1、2号機の運転延長（申請）を原則許可した。二〇一一年の大事故の反省を基に二〇一二年六月の原子炉等規制法改正で決まった規制強化の根幹であり、四〇年超は本来許可しない原則であり、「例外的」に（首相答弁）原子力規制委員会の認可により一度だけ最長二〇年延長できるとの規定、が骨抜きになりつつあることが懸念される。

四〇年稼働限度は高エネルギーをもつ中性子照射を受け続けることにより、原子炉圧力容

器の使用鋼材が「照射脆化」することで、それによる大事故発生を未然に防ぐために技術的・統計的に算定・設計されたもので、この「四〇年限度」はしっかりと守るべきものなのである。

今後、高浜1、2号機の許可への段取りとしては、今後、基本方針の許可、詳しい設計の認可、運転延長の認可の三つを受ければよいのであるが、耐震対策工事などに数年かかるとの関西電力の見方で、再稼働の時期は二〇一九年秋以降になる見通しである。

原子炉をはじめとした機材、フランジの老朽化・劣化は大丈夫か、大きな疑問を感じるところである（他章で述べたように、再稼働後の機器に数回技術トラブル発生）。

(5) 最終　政府・電力会社が原発稼働にはやることは、正しくない

原子力規制委員会の許可が出ているので安全といい、原子力規制委員会は、新基準に（単に）合格している、絶対に安全とはいっていないという。また政府は世界一安全な新基準と

いうが、日本は地震、津波などで、世界で一番原発立地の危険な場所である。過去二年以上、原子力発電ゼロでも停電はなく、電力は充分にある。政府によると原発は最も発電コストが安いというが、バックエンド費用込みであると高くなる。一方国民は世界で二番目に高い電力料金を払わされている。原発は安全ではなく、大事故の時、住民にとって全然安心できない産業なのではなかろうか？　原発はクリーンなエネルギーというが、汚染をまき散らしているのではないか（現在、将来）。核廃棄物の最終処分の適正な方法は、いまだ全然見つかっていない。日本学術会議の提言（第二章、第七章）をとって進める方が良い。

「ウォッチ・アウト①」

最終原稿の執筆中の五月のある日、熊本大地震と並んで、最も最近の東南海地震情報が出され、マグニチュード八～九の大地震を今後三〇年以内にうける確率が六〇～七〇パーセントであるとされていたが、この確率は日常的表現でいえば、「その地震が大体起きる」に近く、原発立地（浜岡原発など）に就いて最大限の警戒感が必要であることで、大変な注意が必要である。

「ウォッチ・アウト②」

オバマ大統領の提唱ではじまった核サミットが、本年（二〇一六年）は四月一日に閉幕した。特に注目すべきは核物質とテロ活動からみの検討事項である。ベルギーでのテロ活動で原子力発電工場が狙われていたことが明らかとなり、ＩＳをはじめとしたテログループにより今後も狙われる可能性は大きいことを前提として、その防止対策とともに、特に利用される対象の核物質（プルトニウム、高濃縮ウラン）の管理を強化すべき事が確認されたのである。また各国が保有する核物質の量をできるだけ減らすことも確認されたが、日本が現在保有しているプルトニウムの量がすでに四章にあるように、四七トンと大量であり、世界の保有量五〇四トンの九・三パーセントに当たり、原爆非保有国としては大変量が多く、以上のような背景で各国の批判の対象なっている（一トンで何と二〇〇発の核兵器ができる）。

「ウォッチ・アウト③」

政府は「来年三月には避難解除」の基本方針を、復興の進捗をアピールするために二〇一六年六月に発表している。すでに避難指示が解除されている「帰還指示解除準備地域」のほかに、来年三月までに「居住制限区域」も避難の解除を行う方針で、それにより約五万四、三〇〇人が解除の対象となる。しかしながら住民の帰還がどれだけ現実に進むかは疑問があり、例えば二〇一五年八月に解除された楢葉町での帰還者の割合は、二〇一六年六月現在七・三パーセントに過ぎず、解除指示が出されても帰還するかどうするか、住民の困惑は広がりそうである。なお「帰還困難区域」に対する復興の考え方を今夏までに示す方針であるが、どうなるか。

「ウォッチ・アウト④」

ノーベル賞受賞者の現代の社会思想家（?）バラク・オバマは、

The scientific revolution that led to the splitting of atoms requires a moral revolution as well.（日本語訳：核分裂を可能にした科学の革命には、道徳上の革命が求められる。）

と言っていますが（二〇一六年五月二十七日）、このことは核分裂を使って大きな災害をもたらす可能性のある原発が、道徳的に認められる枠内のものなのか、また原発によって生じている核廃棄物をクリーンに最終処分することは、難しくても、地球・世の人々に対する倫理として必ず求められているのではないのか、と問われているように思えるのは、筆者の独りよがりではないと感じるのですが、いかがでしょうか。

付表

この本で読んできたものを、最後に表にまとめてみましょう!!

すなわち、政府、電力会社が原発稼働にはやる根拠（付表の左欄）は、このように（付表の右欄）崩れるのではないか。やはり、政府、電力会社が原発稼働にはやる根拠は正しくない。不正解であろう！

①政府スタンス・主張	原発は止めた方がよい、――反対の理由
国のエネルギー調達の安定化、安く供給する、原発をベースロード化する。	電力の供給実績（2014, 15）はまったく問題なし――原発なくても供給の安定性あり、価格も安価に（原発に劣らず）、LNG 価格はオイルシェールの供給があるので低下・横ばいが続こう、今後人口減で需要量は増えない、――電力会社以外の電力（原発以外）の供給もこの間に増加、故に原発をベースロード化は不適正、電気料金は世界でも最も高めの国、――再生可能エネルギーを増やせる可能性が充分あり、1 例――日本の排他的水域は世界第 6 位――大きな可能性の一つ。
アベノミクスでの景気のアップを狙う。	60% を占める消費のアップが最重要、低所得層の所得・購買のアップが必要（原発との関連性はないのでは）。
わが国の GDP を増やす。	原発以外でも可能、特に再生可能エネルギーでも GDP は大きく伸びる、雇用は増える、――原発以外で可能。
原発のベースロード化による再稼働。	新規投資・建設には大事故対策の投資額多大故、ほぼ不適（現建設中を除いて）、クリーン・高効率火力、再生可能エネルギーが伸びよう。

経団連・事業会社（電力、重機械など）よりの要請、②絡み	これら事業の収益に少しは役立つが、国の景気、GDP アップにはならず、──②絡み、株価アップを狙うも小手先の手法は問題を残す（株価は為替レートの影響、収益性アップが大切）。
安全性は世界一との政治発言あり、原子力規制委員会の基準合格ありのみ稼働、②絡み。	日本は地震・津波大国で原発は大事故の危険性が常にある、世界一危険な国、また国民の内部被爆を含めて、安全性に疑問あり、──原発は「仮に、安全でも、安心ではない」のも大きな課題。原規委の新規定に避難関連規定を欠くのは大きな問題。プレート型（東日本大震災）、東・南・東南海トラフ型、活断層型（阪神淡路大地震）──全国に散らばってあり、地震・津波に大変脆弱な日本国土、直近 2016 年 4 月の熊本大地震がその例、もし原発の直下地震であれば原規委の基準値大きく超えた、万万が一大事故が起きた場合の被害の大きさは想像を大きく超える。
核排棄物の廃棄・処分、②絡み。	脆弱な地盤の日本には安全な永久処理可能な土地はない、 他国に引き取り願う（費用を払って）は国と国民の品格を未来にもわたって大変損なう──絶対にしてはいけないこと、──現世代で出来ないのは（廃棄処理を）、後世代への付け回し──負の遺産を──は問題は大きい、核廃棄物の最終処理は学術会議の提言に則るのがよい。

通常原発の廃炉も始まる。	廃炉は長期期間を要す、 東電大事故の廃炉は今後（30 ～）40 年、通常廃炉でも30 年近い期間を要す。
他国との技術競争の上で必要。	日本は戦後の研究・開発の長期の遅れにより、原子力技術においては大きな遅れあり、──むしろ汚染・災害を基本的に伴うこの分野では、廃炉・廃棄の研究・技術を優先して確立をすべき。また原子核分裂利用は最早時代遅れ。核汚染を伴わない水素エネルギー絡み、また、核融 合技術の研究・開発を先行して行うべきではないか。「原子力安全・環境産業」を始めることがよい。
CO_2 の減少、温暖化防止のため。	CO_2 の削減はきれいな地球環境の持続性が本当の狙い。原発のゴミこそ地球環境を大変汚染する。ゆえに原発は不適正。
核燃料サイクル─再処理、高速増殖炉の構想を継続。	再処理の事業未確立、高速増殖炉は成功していない。米国も GNEP を 2009 年に断念。プルサーマル発電もメリットなし。むしろ廃炉・廃棄の研究・技術確立をすべきでは（産業にもなり得る）。
米国、フランスの今後はどうか。	米国エネルギー情報局発表──新型原発コストが高く、今後の建設はほとんど無理。フランスも今後の建設はなかろう（ラポンシュ─仏エネルギー管理庁次官）。
40 年超の稼働許可、②絡み。	「基本方針の 40 年限度」、の基本方針を遵守すべきである、40 年超の原発の稼働は、事故発生の確率を大きく高める、火力に対する原発の検査頻度の多さは小さな事故が大きな事故に繋がる原発の難しさを示し、稼働年数の増加はフランジなどの脆弱さ（無数の劣化部分あり得る──危険）を示す原発では大変危険。

廃炉に多大の課題あり。	核廃棄物の永久処理（東電事故廃棄物を含めて）、原発廃炉等の難題の対応は、自己の政権下では進められない風潮・心理は絶対避けること。
原規委の許可と裁判所の稼働裁定あり。	法務省傘下の裁判所の、政治・行政に関わる裁定には黒・白あるも 2016 年 3 月 の大津地裁による高浜原発再稼働の停止裁定は他県の立地のものであることも含めて画期的、 停止裁定の理由として原規委の新基準についての疑念も提出している。
復興事業での支援（3 県）。	土木など公共インフラ進む（この限りはよい）、しかし原子力災害費は 26 兆の中 3.6 兆円で少ない（原発災害対応遅れている）。
原発輸出、 ②絡み。	技術力の低い国への輸出はリスクが大きい。万一の時、国としての賠償もおしつけられる可能性あり。なお、商道徳上、また国の品格上も輸出は問題。

②電力会社の主張	原発は止めた方がよい、──反対の理由
コストが有利、収益性にプラス。	原発がなくても企業に収益性あり。 LNG は貢献大。原料価格低下・持続──（2015.3,2016.3 実績）──シェールオイルガスの増産が LNG 価格を抑える要因となる。バックエンド費用を入れると（所管省試算は一部のみ算入）原発のコストは低くない。一方、市民は世界的に高い料金を払わされている。

原発の投下資本の活用を。	既投資分の効率稼働狙いが強い－新規建設は新基準用補強費が多くかかり、今後できない可能性大（現建設中を除いて）、──また原発では廃棄に伴い、会計処理でクリアーに可能、──経営指標──ROE、ROI、前期比利益で経営者にとって経営成果発揮は可。
核廃棄物の処理──いずれ安全に保管する、①絡み。	その処理はまったく手つかず（特に高レベル）。当面その可能性はゼロ。次世代への負の資産の先送り。具体的方策──国にもない。後記のように日本学術会議の提案をとることがよい。
廃棄処理・最終は長期間を要す。	自己の経営期間での対応処理（廃炉などの）に二の足を踏むのは問題。経営期間に始めること─引き当て計上額不足気味も問題。
原発も事業の一環。	原発は社会に対して非倫理的、また環境・人・社会に対する汚染・加害の可能性大、原発は事業として問題性あり。大事故発生の時、賠償で片付けられないほど、住民が受ける被害大。
大事故発生時の対応は準備する（今後は）。	死傷者（事故時とその後──また内部被爆あり）多数、災害・被害多大。事故時の現実は混乱、適確な対応はほとんど不可能（NHK2016 年 3 月 13 日、東電現場の TV 放映）。平素の準備・訓練は足なみそろわずまったく不充分、原規委員会の新基準で、避難計画が対象外なのは大きな問題、事故発生の時の費用負担は事業存続に関わる程大変大きい。
東電は柏崎刈羽の再稼働を画策。	福島第一原発の大事故の正しい技術・社会への災害の分析・検証・評価、反省・学習はいまだ（新潟県知事の発言）、──これを第一にすべき。

原子力規制委の許可による（再）稼働のみ、①絡み。	住民による訴訟で大津地裁初の高浜３、４号の運転停止処分―住民の訴えに対しての初めての停止裁定で画期的、安全、さらに安心を求める住民の声が通りはじめる。
福島第一原発の大事故は想定外の天災。	東電大事故の有責性を認め、検察審議会の２度目の起訴で初めて法廷の場へ──事実関係のさらなる解明に役立とう。なお国会事故調は「人災」と断定。
住民の被害に対して賠償対応している。	裁判所による自殺に対する賠償裁定（すでに多数件あり）は，放射能被爆による人の命にも及ぼす被害（因果関係）を認めたもので、原発の危険の大きさを示す、全賠償費は莫大──数兆円。
大事故による事業への被害は止むなし	原発事故と事業が受けた被害についての因果関係を認め、裁判所は賠償命令を出す、これらの賠償判決は放射能被害に対する司法の厳正な判断を示す。通常の事故とは比較にならない深刻な被害を認定。
原発輸出、①絡み。	事業集約、整理のうえで、原発輸出にはやるのは近視眼的。他の事業（再生可能エネルギー等）に経営資源を。

③自治体スタンス──交付金、補助金期待	脱原発に、交付金、補助金の制度、特に隣接自治体にないは不公平（2016 年３月の大津地裁の停止仮処分は隣接地域の生存権・生活権の認定で画期的になるかも）。反対に今後、廃止に対して交付金・補助金を支給するとよい。

④その他──住民──仕事、娯楽施設	再生可能エネルギーでも雇用は大きい。娯楽施設より「安全」な生活が優位のはず。

おわりに

電力不足・省電力の報道が、昨年に続き本年もあまりなさそうです。電力は国のレベルでも充分足りているのです（七章）。そして電力会社は原子力発電がなくても経営を十分にやり繰りできているのです。二〇一一年三月十一日に発生した福島第一原発の事故は、過酷でその被害は今にも及び、残念ながら将来にも厳しい後遺症が続きます。被災者の苦悩のみならず、事故を起こした東京電力での対処の厳しい作業は今後数十年続きます（第五章）。また事故を起こしていない稼働原発の廃炉のためにも、普通三〇年ぐらいの時間を要し、放射能被曝の怖れは最終処理の仕方如何で数十年〜数万年の間続く可能性があるのです。これらのことをこの本で読んでいただきました。

そして安全を担保する位置づけの原子力規制委員会の委員長は、新基準に合格の判定を出しますが、絶対に「安全」であるとは言っていないとのことなのです（第七章）。原発は安全ではなく、大事故の発生の時、住民にとってまったく安心できない産業なのではないでしょうか？

つい最近の熊本地震のような大地震と災難は、日本のこの大地では何時でも（例えば東日本大震災と熊本地震の間はわずか五年）起きうるのです。その時原発が原因となって、福島のような大災害が再び起こりうるかも知れないとの予測を、誰が〝否〟と言い得るのでしょうか！

第一章の「ウォッチ・アウト」に紹介している原子力工学の専門家の「最悪中の最悪にならなくてよかった」との発言を、何と怖ろしいことだったのだと真剣に捉えていただきたいのです。

大地震のあった熊本とあまり離れていない鹿児島県川内で、原発の再稼動がはじまっていますが、それとともに高レベル放射性廃棄物の蓄積量が増えるのです（第四章）。そしてまずいことには炉機の脆化が進んでいる四〇年超の原発の再稼働もはじまる怖れがあります（第八章）。

発生した核廃棄汚染物の正しい最終処理が現実にできていない実態（今も、また長いある期間の将来も）は、この本の述べている通りなのです。負の遺産の相続はあってはならないことなのではないでしょうか！

元首相も「過ちて改むるに憚ることなかれ」の論語を引用しつつ、現在は「原発廃止」の正しさを精力的に提言なさっているとの記事を読みます（2015.9 13, 2016.5.19 朝日新聞）！

私の竹馬の友は原子力研究の専門家であり、根はやさしい人間なのです。彼に思いを寄せてこの本を執筆しました。

なお、この本の執筆にあたり経営倫理学会・環境倫理分科会の佐藤陽一氏をはじめとしたメンバーの方々のご指導、ご叱咤に感謝の意を表します。

そして本書の出版にあたりご尽力をいただいた、三和書籍の高橋社長と関係者に深甚な謝意を表します。

——追記：この書籍の脱稿後の事項として、伊方原発の再稼動が二〇一六年八月十二日に始まっています。また、三反園鹿児島県知事は、八月二十六日に川内原発の停止と安全性の再検証を九州電力に文書で要請しました。

参考文献

金子勝、ア・デウィット『環境エネルギー革命』アスペクト、二〇〇七
地球環境を考える会『環境問題アクションプラン42　意識改革でグリーンな地球に！』三和書籍、二〇〇九
内橋克人『日本の原発 どこで間違えたか』朝日新聞出版、二〇一一
成美堂編集部『地図で読む東日本大震災　大地震・福島原発・災害予測』成美堂出版、二〇一一
多田順一郎『放射線・放射能がよくわかる本』オーム社、二〇一一
竹田敏一『図解雑学　原子力発電』ナツメ社、二〇一一
大鹿靖明『メルトダウン　ドキュメント福島第一原発事故』講談社、二〇一二
NHK ETV特集取材班『ホットスポット　ネットワークでつくる放射能汚染地図』講談社、二〇一二
日本ペンクラブ『いまこそ私は原発に反対しています』平凡社、二〇一二
船橋晴俊、長谷川公一、飯島伸子『核燃料サイクルと施設の社会学　青森県六ヶ所村』有斐閣、二〇一二
井田徹治『環境負債　次世代にこれ以上ツケを回さないために』筑摩書房、二〇一二
斉藤環『原発依存の精神構造　日本人はなぜ原子力が「好き」なのか』新潮社、二〇一二
黒部信一『放射線と健康　本当に私たちが知りたい50の基礎知識』東京書籍、二〇一三
中日新聞社会部『日米同盟と原発　隠された核の戦後史』中日新聞社、二〇一三

安藤顕『環境倫理を考える会』（http://senato.cocolog-nifty.com/kankyorinri/）、二〇一三
日本科学者会議編『国際原子力ムラ　その虚像と実像』合同出版、二〇一四
門田隆将『「吉田調書」を読み解く　朝日誤報事件と現場の真実』ＰＨＰ研究所、二〇一四
安藤顕、瀬名敏夫、鈴木啓允『人類はこの危機をいかに克服するか　地球環境・資源、人類社会の課題と対策』三和書籍、二〇一四
経済産業省『エネルギー白書』二〇一二、二〇一四、二〇一五
経済産業省『通商白書』二〇一四、二〇一五
文部科学省『科学技術白書』二〇一三、二〇一五
環境省『環境型社会白書』二〇一二、二〇一五
環境省『生物多様性白書』二〇一二、二〇一五
総務省統計局『世界の統計・日本の統計』二〇〇四、二〇一四、二〇一五
東京電力『有価証券報告書』二〇一一、二〇一五
東京電力、他電力会社『年度報告』二〇一一～二〇一六
東京電力『総会招集通知』二〇一一～二〇一六

朝日新聞、毎日新聞、東京新聞、日本経済新聞、神奈川新聞、ＮＨＫ報道、他民放

【著者略歴】

安藤　顯（あんどう・けん）

マネジメントプランニング 代表
東京大学教養学科科学史科学哲学卒業、コロンビア大学研修、1967年12月三菱レイヨンニューヨーク事務所長、1978年1月フィシバ社（ブラジル）専務取締役、1978年1月 三菱レイヨンドブラジル社長、1985年4月太陽誘電常務取締役、太陽誘電－ドイツ、USA、シンガポール、韓国、台湾専務理事、1995／6 太陽誘電常勤監査役、2001.6退任、2001年6月マネジメントプランニング代表、現在に至る。
2001年10 ～ 日本経営倫理学会会員、2014／4 ～ 地球サステイナビリティを考える会主宰。

著書等：電子機械工業会“電子材料・部品”論文（編集主査)、“製造工業に於ける収益化の方程式”、論文、(1989)、経済同友会経営委員“企業経営論”報告書（1990)、米国経営倫理学会年次総会への論文提出・同発表、シアトル（2003／8)、ニューオリーンズ（2004／8)、ホノルル（2005／8)、“日本の企業統治・倫理について”論文集（2006／9)、書籍「アクションプラン42」（共著）2009年、「人類はこの危機をいかに克服するか」2014年、論文集（英語・日本語）多数。

これからどうする原発問題
脱原発がベスト・チョイスでしょう

2016年10月3日　第1版第1刷発行

著　者　安藤　顯

発行者　高橋　考
発行所　三和書籍

〒112-0013 東京都文京区音羽2-2-2
電話03-5395-4630　FAX03-5395-4632
郵便振替 00180-3-38459
http:／／www.sanwa-co.com／
印刷・製本／モリモト印刷株式会社

乱丁、落丁本はお取替えいたします。定価はカバーに表示しています。
ISBN978-4-86251-205-5 C0036

本書の電子版（PDF形式）は、Book Pub（ブックパブ）の下記URLにてお買い求めいただけます。
http:／／bookpub.jp／books／bp／445